安全基本原理

辛 嵩 杨文宇 刘 音 辛 林 李威君 编著

应急管理出版社

·北 京·

内 容 提 要

本书是对通用安全科学理论的新探索，尝试寻找一套对各种安全活动具有普遍指导意义的安全基本原理。本书提出了人本原理、系统性原理、因果原理、相对性原理、经济性原理、教育原理等 26 个安全原理，并根据各个原理的关联性将其划分为 4 个层次。这些原理的作用分别对应指导各种安全活动的 9 个方面的问题。

本书主要用于指导各种安全工作的开展，适用于安全生产工作的管理人员、安全科学技术的科教人员及安全生产中介服务机构的从业人员等。

前　言

每门学科都需要有自己的基础科学原理。安全科学与工程学科在我国已经发展成为一级学科。作为一门建立较晚的新兴综合交叉学科，安全学科的发展迫切需要建立自己的基础科学原理体系，以指导广大安全科学工作者开展安全科学理论研究，指导广大安全工程技术人员有效管控企业的安全生产活动，指导广大安全中介技术服务人员科学分析安全生产风险并提出针对性管理、技术对策。

安全基本原理是各种安全活动的基本属性和基本规律，是事物发展变化的客观规律，是人类安全活动的基本法则或方法论。

安全基本原理不等于安全科学。安全基本原理更强调基础性、导向性、普适性，而安全科学更侧重于理论性、科技性、特殊性。因此，不应该把某些安全细分领域的安全科学理论上升为安全基本原理。

安全基本原理为安全科学发展和安全活动提供理论支持和方向引导，要能够涵盖安全活动开展的各个领域，是一切安全活动必须遵循的规律及基本原则。

但是，由于安全的普遍性，安全活动涉及社会的方方面面：安全活动的根本目的和宗旨、安全科学自身的基础理论、行业安全技术、安全活动在社会发展中的定位、合理安全度的确定、安全生产目标的制定、安全生产积极性的激励、必然性和偶然性的关系、事故调查分析、事故的预测预报、安全的成本与收益、安全执法、安全人才的培养、安全教育活动的开展、应急救援等，这些活动的有效开展离不开安全基本原理的指导。

由于安全基本原理还缺乏系统的、科学的、公认性的总结凝练，在社会上的推广普及也存在很大欠缺。这就产生了一个重大困境，在各种安全活动的开展过程中，我们特别重视安全，特别想要提高安全生产水平，但是面对严峻的安全生产形势，我们仍然感觉力不从心。

近20年来，各级政府加大了对安全工作的重视程度、加强了安全生产法制建设、健全了安全生产监管体制、开展了很多安全生产专项整治工作、建立了安全生产问责制。在看到安全生产水平取得较大进步的同时，也必须承认，当前的安全生产还存在很多问题，重特大事故时有发生，事故伤亡人数居高不下。

正是安全科学基本原理的总结凝练不充分、推广普及有欠缺，限制了我国安全生产水平的持续稳定提高。

本书从对各种安全活动的指导意义出发，尝试建立安全基本原理的基本架构。由于安全的普遍性，本书的主要内容力求突破行业的局限性，希望对各行各业的安全从业人员，包括政府安全管理人员，提供一些有价值的理论方法指导。

本书由辛嵩主编，各章的具体编写人员是：第1、9章——刘音，第2、5章——杨文宇，第3、6章——李威君，第 4、8 章——辛林，第 7、10、11 章——辛嵩。

在本书的编写过程中，得到山东科技大学安全与环境工程学院各位同事的大力支持与帮助，兄弟院校的同仁提出了许多宝贵意见，谨向他们表示衷心的感谢！

本书起初是为了满足安全工程相关专业《安全原理》课程的教学需求编写的。但是，既名之《安全基本原理》，就应该对所有安全活动具有普遍指导意义，因此所有从事和关心安全生产活动的人都将从本书获得收益，这也是编者编写本书的根本初衷。

由于编者水平有限，书中难免有错漏之处，希望读者批评指正。

编　者

2021 年 10 月

目　　次

1 安全基本原理的基本架构

安全基本原理（也称安全原理、安全学原理、安全科学原理）是安全科学的一个重要专业基础分支，是揭示安全问题的基本属性和基本规律的一门学问。从事安全管理、事故调查、灾害防治、安全评价、安全检查、应急救援等安全活动，都离不开安全基本原理的指导。

1.1 确定安全基本原理内容和架构的基本原则

确定安全基本原理的内容和架构，应该遵循以下原则。

1. 普遍性原则

这些原理应该是普遍存在的，对每一个人、每一个单位、每一项安全活动都是适用的，处理任何安全问题都离不开这些原理。

2. 自动作用原则

这些原理发挥作用应该具有自动性，人们从事安全活动的时候不知道它的存在，它也照样按自己的规律发挥作用。

3. 惩罚性原则

在任何安全活动中，无视或违背这些基本原理就要犯错误、付出代价，就可能引发事故、导致事故后果扩大化，从而产生经济损失、降低安全管理效果等后果。

4. 指导性原则

这些原理对安全问题具有普遍指导意义。为了更好地开展安全活动，安全人员不仅要牢记这些原理，还要深刻领会，这些原理应该进入我们的骨髓、进入我们的潜意识。不知道、不会用这些原理就不能算是高素质的安全人。

5. 整体性原则

所有安全基本原理应该是一个有机的整体，既能从不同的角度反映安全问题的基本属性和基本规律，指导人们高效开展安全活动，又不能相互矛盾，让人们在运用的时候无所适从。

6. 拿来原则

由于安全学科本身是一个涉及领域特别广泛的综合性学科，因此其他学科领域的理论、原理，只要符合本学科的基本宗旨、符合上述基本原则的，都应该吸收进来，尤其是管理学、心理学方面的理论。

1.2　安全基本原理的架构

基于上述原则，在查阅大量资料的基础上，研究提出了安全基本原理的架构（图1-1）。安全基本原理总共包含26个原理，根据各个原理的作用和关联性分为4个层次，各个原理之间既有同层次之间

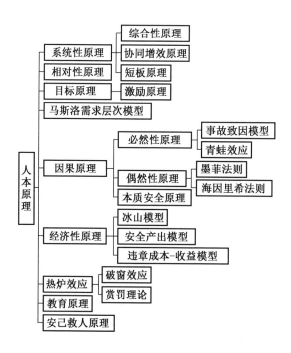

图 1-1　安全基本原理架构图

的相互补充，也有上下层次之间的从属关系，以及下一层次原理对上一层次原理某些属性或特定现象的具体延伸说明。

1. 2. 1　安全基本原理的层次结构关系

第一层次只有 1 个原理，即人本原理，表明所有安全活动的出发点和落脚点是为了保护人，保护人的生命和健康，包括心理健康。保护厂房、设备等其他财产的最终目的也是为了保护人。人本原理也说明了我国安全生产方针中"安全第一"的理论依据和实际内涵。

第二层次包含 9 个原理（表 1 - 1），分别从不同的角度揭示、解

表 1 - 1　安全基本原理及其指导作用对应表

一级原理	二级原理	三级原理	四级原理	角度与作用
人本原理	系统性原理	综合性原理		安全的理论基础
		协同增效原理		
		短板原理		
	相对性原理			安全的度
	目标原理	激励原理		安全的驱动力
		马斯洛需求层次模型		安全的前提、定位
	因果原理	必然性原理	事故致因模型	提升安全的方向
			青蛙效应	
		偶然性原理	墨菲法则	
			海因里希法则	
		本质安全原理		
	经济性原理	冰山模型		安全的成本与效益
		安全产出模型		
		违章成本 - 收益模型		
	热炉效应	破窗效应		安全执法
		赏罚理论		
	教育原理			安全教育
	安己救人原理			应急救援

决了安全的 9 个基本问题。比如系统性原理表明研究解决安全问题的理论基础是系统理论，决定了《安全系统工程》在安全工程专业课程体系中的核心地位；再如经济性原理揭示了安全成本与效益的基本规律，表明安全工作也是正常生产经营活动的一部分，也需要研究其投入产出比，保障企业实现利润最大化等。

第三、第四层次分别包含 12 个、4 个原理，是对上一级原理的补充和延伸，或者用来说明某一类特别现象。比如偶然性原理表明，事故发生的因果关系中存在不确定性，而墨菲原理又专门解释了人们对事故的偶然性特定的主观心理感受，深刻认识这些原理有利于我们更好、更全面地理解和把握因果原理。

1.2.2 安全基本原理中的对立统一

在上述 26 个安全基本原理中，还存在对立统一关系。

1. 人本原理与经济性原理的对立统一

人本原理要求我们要牢固树立"安全第一"的思想，当保护人的安全与生产、设备、资源等发生冲突的时候，需要优先保护人的安全健康。经济性原理又要求我们不能不顾成本地追求过高的安全度。不同的原理适用不同的情况：在规划生产活动的时候，应该按照经济性原理合理安排安全投入，在发生事故抢险救灾的时候，要坚持以人为本的原则，优先保护人的安全。

2. 必然性原理与偶然性原理的对立统一

必然性原理和偶然性原理都是因果原理的次级原理，二者既对立又统一。比如存在重大安全隐患，如果不能及时排除，迟早会导致事故的发生，这是必然的；但是其他触发因素何时出现、以什么方式出现具有不确定性，因而事故发生的时间、地点、烈度、对象又具有偶然性。必然性包含偶然性，偶然性的背后存在着必然性，只看到事故的偶然性而看不到必然性，就会心存侥幸，必然导致不想看到的后果。这是导致很多事故发生的主要原因。

1.2.3 安全基本原理中的相互补充关系

根据系统性原理，安全活动涉及很多因素，需要合理统筹协调这些因素。系统性原理的三个次级原理，综合性原理、协同增效原理、短板原理各有侧重、相互补充。综合性原理解释了为什么要"综合治理"，协同增效原理说明了各种因素协调发展能获得更好的安全效果，短板原理则从反面说明了各种因素不能协调发展的后果。

📖 思考题

本书提出的安全基本原理架构合理吗？如何改进？请提出你的建议。

2 人 本 原 理

我们开展的所有安全活动，说到底是为了保护人，保护物质的最终目的也是为了保护人。我国安全生产方针中"安全第一"的实际内涵就是把人的安全放到首位，这就是人本原理。

2.1 管理学的人本原理

现代意义的人本原理来源于管理学，是管理学四大原理之一。顾名思义，人本原理就是以人为本的原理，是指组织的各项管理活动，都应以调动和激发人的积极性、主动性和创造性为根本，追求人的全面发展。

人本原理特别强调人在管理中的主体地位，它不是把人看成是脱离其他管理对象而孤立存在的，而是强调在作为管理对象的整体系统中，人是其他构成要素的主宰，财、物、时间、信息等只有在为人所掌握、为人所利用时，才有管理的价值。具体地说，管理的核心和动力都来自人的作用。

管理活动的目标、组织任务的制定和完成主要取决于人的作用，即人的积极性、主动性和创造性的调动和发挥。没有人在组织中起作用，组织将不成其为组织，各种资本物质也会因为没有人去组织和使用而成为一堆无用之物。因此，管理主要是人的管理和对人的管理。管理活动必须以人以及人的积极性、主动性和创造性为核心来展开，管理工作的中心任务就在于调动人的积极性，发挥人的主动性，激发人的创造性。因此，人本原理讲求和解决的核心问题是积极性问题。

2.2 中国传统文化中的人本思想

中国传统的人本观是中华文明发展的产物。西周以后的文化演变，人本主义一直占据了中国文化的主导地位，《书·泰誓上》说"人为万物之灵"，《汉书·董仲舒传》认为"天地之性人为贵"，《礼记·礼运》的表述是"人者，天地之心也"，《春秋繁露》则明确提出"人之超然万物之上而最为天下贵也"。

儒家学说的核心是"人"，道家讲"道"的出发点和落脚点也是"人"。所以，中国传统文化的主体内容始终是围绕着人而展开的，绝大部分古代的知识分子都是研究人的，研究自然科学的很少。

中国历史上的人本思想，主要是强调人贵于物，"天地万物，唯人为贵"。《论语·乡党》记载：厩焚，子退朝，曰："伤人乎?"不问马。意思是，孔子退朝，得知马厩被烧了，只问了一句"是否伤人"。马棚失火，最可能的后果是马被烧死，然而孔子的第一反应不是马——这种先秦时期极其宝贵的财物——会不会损失，而是问有没有人员伤亡，说明在孔子看来，人比马重要得多，由此可以看出圣人对他人生命的关爱。

在现代社会，无论是西方国家还是中国，作为一种发展观，人本思想都主要是相对于物本思想而提出来的。

2.3 安全科学中的人本原理

《中华人民共和国安全生产法》第三条规定，安全生产工作应当以人为本，坚持人民至上、生命至上，把保护人民生命安全摆在首位，树牢安全发展理念，坚持安全第一、预防为主、综合治理的方针，从源头上防范化解重大安全风险。

《中华人民共和国消防法》第四十五条规定，消防救援机构统一组织和指挥火灾现场扑救，应当优先保障遇险人员的生命安全。

安全第一，是人本原理的具体体现。安全科学中的人本原理可以表述为：一切安全活动的出发点和落脚点都是为了保护人，保护人的生命和健康，包括心理健康。

当人的安全与财产安全、环境保护等发生冲突的时候，要首先保护人。而且保护财产、设备、厂房、资源、环境的目的，也是为了更好地保护人。

2.4 贯彻人本原理过程中存在的问题

以人为本的思想，没有人会反对，但是不代表在实际生产、生活中都能做到。以下两种违背人本原理的情况就经常出现，需要引以为戒。

1. 落实安全第一不到位

许多事故的发生，根本原因在于落实安全第一不到位。在某些领域，流传这样一句话"安全问题说起来重要，干起来次要，忙起来不要"，用以调侃一些人心目中安全工作的地位。

相当一部分企业，有时为了追求产量，给下属企业或部门下达的生产任务过于沉重，造成生产和安全抢第一；有时为了急于扩展企业规模，盲目铺摊子、上项目，造成发展和安全抢第一；有时为了打造所谓的"执行力"，实行军事化管理制度，甚至提出"绝对服从、绝对执行、绝对到位"这样的口号，造成制度和安全抢第一；有时为了降低成本提高效益而减少安全投入，造成效益和安全抢第一；有时为了亲朋好友抹不开面子，对违章违纪睁一只眼闭一只眼，造成亲情、友情和安全抢第一等。

"安全第一"的提法，最早来源于美国 U.S 钢铁公司。1906 年，美国 U.S 钢铁公司生产事故频发，亏损严重，公司董事长 B. H. 凯利在查找原因的过程中，对传统"质量第一、产量第二"的生产经营方针产生了质疑。经过全面计算事故造成的直接经济损失、间接经济损失，还有事故影响产品质量带来的经济损失，凯利得出了结论：是事故拖垮了企业。凯利不顾股东的反对，把公司的生产经营方针改为"安全第一、质量第二、产量第三"。凯利首先在下属单位伊利诺伊制钢厂做试点，事故减少了以后，质量提高了，产量上去了，成本反而降下来了。全面推广后，"安全第一"立见奇效，使公司走出了困境。从此，"安全第一"得到全球企业界的认可。

可是，到了21世纪的今天，相当一部分企业家、管理人员、中介机构，甚至政府官员，只知道安全第一，第二是什么、第三是什么，没人知道，也没有明确的说法。没有第二、第三，哪来的第一？真应了一句俗话"只知其一不知其二"。

应该说，落实安全第一不到位的现象普遍存在。

2. 个人安全意识不强

安全第一的口号人人都知道，安全第一的思想却远远没有深入人心。安全第一要落到实处，还需要我们做大量的工作。下边的案例有一定的普遍性，要引以为戒。

案例 贪恋财物成重伤

2017年12月，某公司发生火灾，一名员工满身烈焰地从火海冲出，火灾现场如图2-1所示。该公司工作人员称，这名员工是为了拿回自己的手机才冲入火场的，最终被烧成重伤。

图2-1 某公司火灾现场

这个案例告诉我们：火灾、地震等灾害来临，要迅速逃生，千万别贪恋财物，生命第一！

📖 思考题

1. 我国的法律法规中是如何体现人本原理的？
2. 社会上还有哪些人本原理执行不到位的事情？

3　系　统　性　原　理

无论从社会局部还是整体来看，人类的安全生产与生存都需要多因素的协调与组织才能实现。因此，如何组织各种因素从而使系统达到最好的安全状态，就成了安全活动中的重要内容。

3.1　系统性原理的含义

系统性原理可以表述为：安全问题是人、社会、环境、技术、经济等因素构成的系统问题，为了有效地解决生产中的安全问题，人们需要采用系统工程的基本原理和方法，预先识别、分析系统存在的危险因素，评价并控制系统风险，使系统安全性达到最佳状态。

系统是由相互作用和相互依赖的若干组成部分结合成的具有特定功能的有机整体。一般来讲，系统具有如下五个属性。

1. 整体性

系统是由至少两个或两个以上的要素（元件或子系统）所组成，要素间不是简单的组合，而是组合后构成了一个具有特定功能的整体。换句话说，即使每个要素并不太完善，但它们可以综合、统一成为具有良好功能的系统。反之，即使每个要素均良好，而构成整体后并不具备某种良好的功能，也不能称之为完善的系统。

2. 相关性

系统内各要素之间是有机联系和相互作用的，要素之间具有相互依赖的特定关系。系统的功能不等于各组成要素的性质和功能的简单叠加，而是大于部分要素性质与功能之和，它具有其要素所不具有的性质和功能。例如，对于电子计算机系统来说，各种运算、贮存、控制、输入输出装置等各个硬件和操作系统、软件包等都是子系统，但

11

它们之间通过特定的关系，有机地结合在一起，就形成了一个具有特定功能的计算机系统。

3. 目的性

所有系统都为了实现一定的目标，没有目标就不能称之为系统。不仅如此，设计、制造和使用系统，最后是希望完成特定的功能，而且要效果最好。

4. 有序性

系统的有序性主要表现在系统空间结构的层次性和系统发展的时间顺序性。

系统可分成若干子系统和更小的子系统，而该系统又是其所属系统的子系统。这种系统的分割形式表现为系统空间结构的层次性；另外，系统的生命过程也是有序的，它总是要经历孕育、诞生、发展、成熟、衰老、消亡的过程，这一过程表现为系统发展的有序性。系统的分析、评价、管理都应考虑系统的有序性。

5. 环境适应性

系统是由许多特定部分组成的有机集合体，而这个集合体以外的部分就是系统的环境。一方面，系统从环境中获取必要的物质、能量和信息，经过系统的加工、处理和转化，产生新的物质、能量和信息，然后再提供给环境。另一方面，环境也会对系统产生干扰或限制。环境特性的变化往往能够引起系统特性的变化，系统要实现预定的目标或功能，必须能够适应外部环境的变化。研究系统时，必须重视环境对系统的影响。

系统工程理论的诞生和发展是解决复杂工程技术问题的必然产物。

为有效地解决生产中的安全问题，人们需要采用系统工程方法来识别、分析、评价系统中的危险性，并根据其结果，调整工艺、设备、操作、管理、生产周期和投资等因素，使系统可能发生的事故得到控制，并使系统安全性达到最好的状态。例如，1957 年，苏联发射了第一颗人造地球卫星，在全世界引起了很大的反响。这一时期，美国为了摆脱被动局面，进行了导弹技术的开发，采取了规划、设计、研制和试验同时进行的开发方案。由于对系统的安全性缺乏严格的分析处理，以致在一年半的时间里，接连发生4次重大事故，使昂贵的研究系统因为安全缺陷而报废。这一惨痛教训使他们深刻认识到系统安全的重要性，也迫使美国空军不得不以系统工程的基本原理和管理方法来研究导弹系统的安全性和可靠性。

安全系统工程最初是从研究产品的可靠性和安全性开始的（军事装备零部件对可靠性、安全性的要求十分严格，否则不仅完不成武器的设计，而且在制造过程中也不安全），后来发展到对生产系统各个环节的安全分析。这个过程大致经历了4个阶段。

1）安全技术工作和系统安全分工合作阶段

安全系统工程发展的初期阶段，安全工作者和产品系统安全工作者的分工是明确的。前者负责工人的安全，后者负责产品的安全，两者分工协作共同完成生产任务。如果安全工作做得不好，发生了事故，不仅工人受到伤害，而且设备以及制造中的产品也会受到损害。又如工作环境不良，就有可能造成零部件的污染和质量问题。这些都能影响系统安全设计的完成。另外，如果零部件或产品的安全性不良，制造过程中发生事故的危险性很高，也不能保证工人的安全。所以，二者有着极为密切的关系。

2）安全技术工作引进系统安全分析方法阶段

安全系统工程发展不久，安全技术工作就把它的工作方法特别是系统安全分析方法吸收了进来。系统安全分析方法是指针对系统各个环节，根据其本身的特点和环境条件进行安全性的定性和定量分析，作出科学的评价，并据此采取针对性的安全措施。所以，这种方法对安全工作十分有用，自然也就很快被安全工作所采用。

3）安全管理引用了安全系统工程方法阶段

安全系统工程不仅可以评价系统各个环节的可靠性和安全性问题，而且也能评价系统开发的各个阶段（如计划编制、研究开发、加工制造、操作使用等），进而使系统取得最优效果。因此，安全系统工程也完全适用于企业的安全管理，如对新装置的投产或已有装置的检查、操作、维修以及对工人教育、训练等，都可以使用这种方法来提高系统性和准确性。

4）以安全系统工程方法改革传统安全工作阶段

在安全工作中广泛使用安全系统工程方法，这是传统安全工作进行改革的趋势，即从实践中不断总结经验，并且加以推广和应用。

在上述 4 个阶段的发展过程中，发展出了事故树、鱼刺图等系统安全分析方法。油库静电火灾爆炸事故树、绞伤鱼刺图分别如图 3 - 1、图 3 - 2 所示。

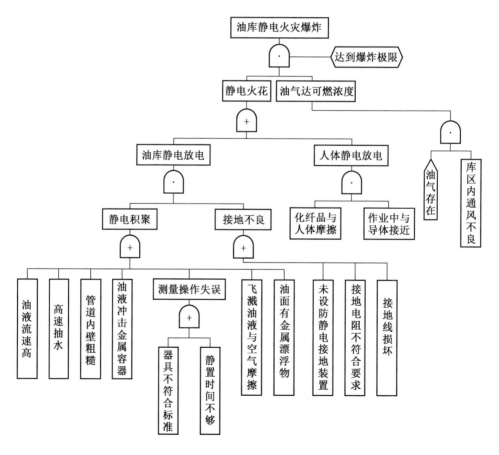

图 3 - 1　油库静电火灾爆炸事故树

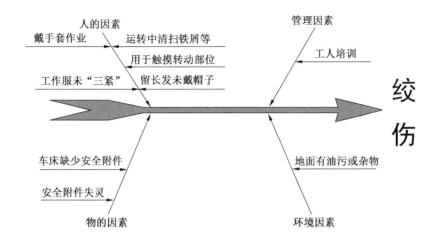

图 3 - 2　绞伤鱼刺图

下面结合 2 个典型事故案例，来加深对于系统性原理的理解。

案例 1　某铝粉尘爆炸事故

2014 年 8 月 2 日 7 时 34 分，位于江苏省苏州市昆山市昆山经济技术开发区的昆山中荣金属制品有限公司抛光二车间发生特别重大铝粉尘爆炸事故，事故共造成 146 人死亡，91 人受伤，直接经济损失 3.51 亿元。12 月 30 日，国务院对"8·2"特别重大铝粉尘爆炸事故调查报告做出批复，认定这是一起生产安全责任事故。

安全事故作为一个复杂的系统问题，涉及工人、设备、环境、管理等多方面的因素。事故车间除尘系统较长时间未按规定清理，铝粉尘集聚。除尘系统风机开启后，打磨过程产生的高温颗粒在集尘桶上方形成粉尘云。1 号除尘器集尘桶锈蚀破损，桶内铝粉受潮，发生氧化放热反应，达到粉尘云的引燃温度，引发除尘系统及车间的系列爆炸。因缺少泄爆装置，爆炸产生的高温气体和燃烧物瞬间经除尘管道从各吸尘口喷出，导致全车间所有工位操作人员直接受到爆炸冲击，造成群死群伤。

另外，中荣公司无视国家法律，违法违规组织项目建设和生产，是导致事故发生的主要原因；苏州市、昆山市和昆山开发区对安全生产重视不够，安全监管责任不落实，对中荣公司违反国家安全生产法律法规、长期存在安全隐患治理不力等问题失察；负有安全生产监督管理责任的有关部门未认真履行职责，审批把关不严、监督检查不到位、专项治理工作不深入、不落实。

案例 2　波音 737MAX8 空难事故

2018 年 10 月 29 日，从雅加达飞往槟港的波音 737MAX8（狮子航空 610 号班机，注册编号：PK - LQP）国内线定期航班在起飞后 13 min 在印度尼西亚以北海域坠毁，机上 189 人全部遇难。涉事飞机于 2018 年 8 月交付给狮航，机龄仅 2 个月。

2019 年 3 月 10 日，从亚的斯亚贝巴飞往内罗毕的波音 737MAX8（埃塞俄比亚航空 302 号班机，注册编号：ET - AVJ）航班在起飞后 6 min 坠毁，机上 157 人全部遇难。涉事飞机于 2018 年 10 月 30 日首飞，同年 11 月 15 日交付，机龄仅 4 个月。

短时间内的两起严重空难，引发了人们对波音 737MAX 飞机安全的担忧，2019 年 3 月 11 日中国民用航空局在全球率先宣布在中国停飞所有 737MAX 机型。数小时后，印度尼西亚、蒙古加入停飞行列。

各国纷纷停飞并展开调查，得出了几点原因：

（1）换装新型发动机改变了机翼的气动特性。该 LEAP - 1B 型发动机节油、功率更大，但直径也比原来的发动机大了许多，造成发动机离地间隙过小。如何最有效地处理这个问题？保守做法是增加起落架的高度，然而波音公司却为了省事，提高了发动机安装在机翼的高度，使得发动机的上部高出了机翼面。这种做法改变了机翼的气动特性，使得飞机在一定的高度和速度下促使机头抬起。

（2）MAX8 的飞行自动增稳系统权限过大。飞行自动增稳系统（MCAS）是用来防止飞机出现失速的。当系统判别飞机可能失速时，其能够自动纠正飞控操作，即：自动压低机头、加大油门，让飞机向下俯冲，以便迅速提高飞机的速度。这本是好事，但其权限过大，超越了飞行员对飞机的控制权限。

（3）客机的迎角传感器校准不当。据事故调查信息显示，狮航失事航班上的电脑系统在根据一个攻角传感器的错误数据运行，而该错误数据是由于迎角传感器校准不当造成的。而波音公司没有事先向机务披露737MAX飞机上新增了自动失速保护系统，因此在不知情的情况下，飞机维修人员很难检测出飞机故障的真正原因。

（4）飞机失速状态判断存在设计缺陷。737MAX飞机上至少设有3个迎角传感器，自动失速保护系统的逻辑是只要主迎角传感器认为飞机迎角过高（即机头抬得过高）就认定飞机有失速危险，自动失速保护系统就会被激活。而空客飞机在类似系统设计中规定：只要三个迎角传感器的读数不一样，不管主次，都选择不相信，直接报错给飞行员，从而避免主迎角传感器出错，导致整个系统出错的风险。

（5）飞行手册不完善。手册里没有提到此种飞机故障报警的原因和处理办法，致使飞行员没有在模拟机上操练过，当飞机发生事故时，飞行员不知道正确操作飞机的方法，所以很难及时排除险情。雷达记录的飞行轨迹表明，印度尼西亚狮航的737MAX8的飞行员操作飞机是这样的：飞机起飞拉升过程中，飞行员发现仪表报警，飞机向下俯冲，于是就拼命要拉起机头，而MCAS却死命向下俯冲，反复争夺飞机控制权。经过5个回合的争斗，最后，飞行员赢了，但飞行员用力过猛，死死拉起控制手柄不敢放手，使得飞机超过了最大飞行攻角，造成飞机失速、旋尾、失控，掉了下来。埃塞俄比亚的737MAX8飞行员是怎么回事呢？飞行员发现问题后赶紧拉起机头，却发现不怎么起作用，斗不过MCAS，于是放弃了飞机控制权，在发呆思考换何种办法，但时间太少了，飞机俯冲的角度过大，速度也快，很快失控，高速扎向地面，深达20 m。

波音737 MAX 是基于波音737 客机研发的，主要的变化是使用了更大、更有效的 CFM International LEAP – 1B 引擎，同时机体也进行了一些改造。大型客机是一个十分复杂的系统，牵一发动全身。波音737 MAX 在改型过程中忽略了技改对整机的系统性影响，从而引发了事故。

3.2　综合性原理

综合性原理包括两层含义，一是导致事故的原因是综合性的，二是安全生产的治理手段是综合性的。

3.2.1　事故综合原因理论

在生产过程中事故的表现形式是多种多样的，事故的原因也是非常复杂的。系统工程的分析结果表明：触发事故的真正原因由四大部分组成，即生产过程中物的不安全状态、生产环境的不安全因素、操作者的不安全行为和管理上的缺陷，这也是生产事故发生的基本原因。

事故综合原因理论，是综合论述事故原因的现代理论。该理论认为，事故的发生绝不是偶然的，而是有深刻背景原因的。

事故综合原因理论模型如图 3－3 所示。该模型表明，事故是由社会因素、管理因素和生产中的危险因素被偶然事件触发造成的。

事故的直接原因是指人的不安全行为、物的不安全状态和环境的不安全条件，这些因素构成了生产中的危险因素（事故隐患）；间接原因是指管理缺陷；基础原因包括经济、文化、教育、民族习惯、社会历史和法律等因素；偶然事件触发是指由于起因物和肇事人的作用，而造成一定类型的事故和伤害的过程。

事故的产生过程是由社会因素引起管理因素的产生，管理因素引起危险因素的发生，最终通过偶然事件触发而发生事故与伤害。所以事故综合原因理论也被称为多重事件会合论。事故综合原因理论考虑了各种事故现象和因素，因而能比较准确地、全面地描述事故的成因过程，有益于事故的分析、预防和处理。

让我们通过事故案例，体会一下事故原因的复杂性。

2015 年 5 月 15 日 15 时 30 分，一辆载有 46 名退休人员的旅游大

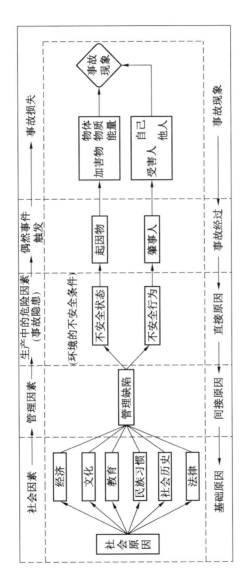

图 3 - 3　事故综合原因理论模型

巴在陕西省咸阳淳化县仲山森林公园附近侧翻,坠入 30 多米深的山沟(图 3-4),造成 35 人死亡、11 人受伤,直接经济损失 2300 余万元。

图 3-4　事故现场资料图

经调查,该起事故为一起生产安全责任事故。造成本次事故的直接原因是:

(1) 大客车制动系统技术状况严重不良,行经下陡坡、连续急弯路段时,因制动力不足造成车速过快,在离心力作用下出现侧滑,失控冲出路面翻坠至崖下。

(2) 事故车辆无道路客运资质,属于非法营运。

(3) 该车辆强制报废时间为 2015 年 11 月 3 日,为确保车辆通过年检,私自更换了发动机总成。

(4) 客车坠崖后车头猛烈撞击地面,冲击力造成乘客向前翻倒,由于客车座椅与车身连接强度不足,事故发生时 70% 的座椅发生脱落,砸压车内乘客,进一步加重了事故伤亡后果。

(5) 事发路段未按设计文件设置安全防护设施,造成道路安全防护设施缺失,安全防护能力不足。

事故的间接原因是:

(1) 事故大客车车主长期利用无道路客运资质的车辆非法从事道路客运经营活动。

(2) 西安依诺相伴生活馆无照经营,非法组织旅游活动。

（3）铜川鹏瑞交通设施工程有限公司机动车安全技术性能检验工作管理混乱，导致严重不符合安全技术标准的事故大客车获得检验合格证明。

（4）铜川市、咸阳市、西安市的质监、公安、交通、工商、旅游等部门履行监管职责不到位。西安市工商局新城分局未及时查处依诺相伴生活馆非法经营行为，旅游部门对旅游市场安全监管不到位，交通运输管理处履行查处非法营运大客车工作职责不到位，临潼区交通运输局执法行为不规范，铜川市公安局交警支队履行车辆查验职责不到位。

3.2.2 安全生产的综合治理

我国的安全生产方针是：安全第一、预防为主、综合治理。所谓综合治理，就是多个部门一起抓，多种手段一起上。为什么必须要综合治理呢？

我们知道，事故的原因是综合性的，我们控制好一个因素不就可以控制事故吗？比如煤矿瓦斯爆炸需要有三个同时存在的基本条件：①一定的瓦斯浓度，瓦斯浓度在 5% ~ 16% 之间；②一定的引火温度，点燃瓦斯的最低温度在 650 ~ 750 ℃ 之间，且存在时间必须大于瓦斯爆炸的感应期；③充足的氧气含量，氧气浓度不得低于 12%。那么是不是我们控制好火源，就不会发生瓦斯爆炸？理论上是对的，但问题是不可能做到完全不存在点火源。同理，生产中我们也不可能保证设备永远处于安全状态、完全消除人的不安全行为等。

因此，我们要坚持综合治理，多个部门一起抓，多种手段一起上。

3.3 协同增效原理

协同增效原理是指两种或两种以上的组分相加或调配在一起，所产生的作用大于各种组分单独应用时作用的总和。

在一个系统中，事故发生的原因包括物的不安全状态、生产环境的不安全因素、操作者的不安全行为以及管理上的缺陷，假设它们的可靠度分别为 A、B、C、D，则这个系统的安全度为：

$$安全度 = A \times B \times C \times D \qquad (3-1)$$

分析式（3-1）可知，要获得比较高的安全度，需要在物、环境、人员和管理4个方面都达到较高的可靠度；片面追求个别方面的高可靠度意义不大。

表3-1为安全度模拟计算表。表3-1显示，在物、环境、人员和管理4个指标的平均可靠度都为0.9800的状态下，系统的安全度却明显不同，各指标的可靠度越平均，系统的安全度越高。因此，安全生产中保持各要素的均衡发展，发挥各要素的协同作用，才能取得比较理想的安全效果。

表3-1　安全度模拟计算表

状态	A	B	C	D	平均值	安全度	事故率
1	0.999	0.999	0.999	0.923	0.9800	0.9202	0.0798
2	0.995	0.995	0.980	0.950	0.9800	0.9217	0.0783
3	0.990	0.970	0.985	0.975	0.9800	0.9222	0.0778
4	0.980	0.980	0.980	0.980	0.9800	0.9224	0.0776

3.4　短板原理

根据式（3-1）作进一步分析，在物、环境、人员和管理4个方面，如果某个因素可靠度较低，则会导致整个系统的安全性大幅降低，其他方面做得再好也没有用。短板原理形象地反映了这一点。

木桶的盛水量取决于桶壁上最短的木板

图3-5　木桶原理

短板原理，又称"木桶原理""水桶效应""短板效应"。如图3-5所示，盛水的木桶由多块木板箍成，盛水量由这些木板共同决定。若其中一块木板很短，则此木桶的盛水量就被短板所限制，木桶中能储水的最高高度只能达到短板高度。这块短板就成了这个木桶盛水量的"限制因素"。根据短板原理，不是单独一块板子越高越好，而是把所有的板子变得一样高才能盛更多的水。

根据对大量事故的统计分析发现，安全管理是当前制约我国安全生产水平提高的最大短板，事故表现出来的看似偶然的直接原因背后，都有严重的管理缺陷。

例如，2013 年 11 月 22 日 10 时 30 分许，位于山东青岛的中石化输油储运公司潍坊分公司因原油泄漏引发爆燃（图 3 - 6），造成 62 人遇难，136 人受伤，直接经济损失 7.5 亿元。

图 3 - 6　原油泄漏事故现场图

事故的直接原因是：输油管道与排水暗渠交汇处管道腐蚀减薄、管道破裂、原油泄漏，流入排水暗渠及反冲到路面。原油泄漏后，现场处置人员采用液压破碎锤在暗渠盖板上打孔破碎，产生撞击火花，引发暗渠内油气爆炸。

间接原因是：

（1）中石化集团公司及下属企业安全生产主体责任不落实，隐患排查治理不彻底，现场应急处置措施不当。青岛站、潍坊输油处、中石化管道分公司对泄漏原油数量未按应急预案要求进行研判，对事故风险评估出现严重错误，没有及时下达启动应急预案的指令；未按要求及时全面报告泄漏量、泄漏油品等信息，存在漏报问题；现场处置人员没有对泄漏区域实施有效警戒和围挡；抢修现场未进行可燃气体检测，盲目动用非防爆设备进行作业，严重违规违章。

（2）青岛市人民政府及开发区管委会贯彻落实国家安全生产法律法规不力。黄岛街道办事处对青岛丽东化工有限公司长期在厂区内排水暗渠上违章搭建临时工棚问题失察，导致事故伤亡扩大。

（3）管道保护工作主管部门履行职责不力，安全隐患排查治理不深入。开发区安全监管局作为管道保护工作的牵头部门，组织有关部门开展管道保护工作不力，督促企业整治东黄输油管道安全隐患不力；安全生产大检查走过场，未发现秦皇岛路道路施工对管道安全的影响。

（4）开发区规划、市政部门履行职责不到位，事故发生地段规划建设混乱。开发区行政执法局（市政公用局）对青岛信泰物流有限公司厂区明渠改暗渠审批把关不严，以"绿化方案审批"形式违规同意设置盖板，将明渠改为暗渠；实施的秦皇岛路综合整治工程，未与管道企业沟通协商，未按要求计算对管道安全的影响，未对管道采取保护措施，加剧管体腐蚀、损坏；未发现青岛丽东化工有限公司长期在厂区内排水暗渠上违章搭建临时工棚的问题。

（5）青岛市及开发区管委会相关部门对事故风险研判失误，导致应急响应不力。开发区管委会未能充分认识原油泄漏的严重程度，根据企业报告情况将事故级别定为一般突发事件，导致现场指挥协调和应急救援不力，对原油泄漏的发展趋势研判不足；未及时提升应急预案响应级别，未及时采取警戒和封路措施，未及时通知和疏散群众，也未能发现和制止企业现场应急处置人员违规违章操作等问题。

通过这起事故的原因分析我们可以看出，造成事故的间接原因基本上都属于管理上的原因。

📖 思考题

某市在安全综合治理的过程中，出现了不同部门相互扯皮的现象，分析扯皮的原因，并给出解决办法。

4 相对性原理

我国著名安全学者罗云教授指出，"安全具有相对性"是指人类创造和实现的安全状态和条件是相对于时代背景、技术水平、社会需求、行业需要、法规要求而存在的，是动态变化的，现实中做不到"绝对安全"。安全只有相对，没有绝对；安全只有更好，没有最好；安全只有起点，没有终点。

4.1 相对性原理的含义

安全具有很明确的相对性，具体表在3个方面：

（1）衡量安全的标准是相对的。人们对安全与否的判断，因人而异、因时而异、因地而异、因事而异，总是变化的。

（2）构建安全的资源总是相对不足。我们在专职安全人员的配备、安全设备设施、安全科技等方面投入的资源总是相对不足。

（3）没有绝对安全只有相对安全。如安全与风险关系图（图4-1）所示，离圆心（安全）越远，风险越大。安全是相对于风险而言的，只有相对的安全。安全是在人类生产过程中，将系统的运行状态对人类的生命、财产、环境可能产生的损害（风险）控制在人类能接受水平以下的状态。超过了人们可以承受的风险水平，就是危险。

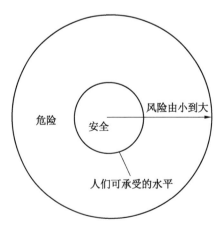

图4-1 安全与风险关系图

没有绝对的安全，说明"事故不能为零"，包含3种含义：

（1）事故不可能为零。任何人、任何单位、任何时间、任何场所都存在一定的风险，有风险就有发生事故的可能性，只不过这个可能性有大有小。我们的任务，就是尽可能减小事故发生的概率。

（2）零事故不具备经济上的合理性。根据《安全经济学》的有关理论，我们追求的安全度越高，需要付出的努力也越大，经济成本也相应提高。超越经济发展水平，追求过高的安全度是不合理的。

（3）零事故应作为一种追求理念。追求绝对安全既不科学，也不可行，为什么会有很多企业提出"零事故原则"，甚至开展"零事故运动"呢？将零事故作为一种理念、一种追求，是可以的，也是应该鼓励的。

阅 读 材 料

美国一家网络媒体专门制作了一个短片，揭秘美国总统车队和出行的费用。片中举了个例子，算了算美国总统从华盛顿的白宫出发，到纽约的联合国总部，大概需要花多少钱。

从白宫到联合国总部，公路的距离大约是230英里(约合370 km)，如果开车，在交通顺畅的情况下，需要4 h左右。但总统先生的路线肯定不会跟普通人一样，他的行程是这样的：

从白宫出发，坐"陆战队一号"直升机到达安德鲁斯空军基地，直线距离约19 km，用时约8 min。所谓"陆战队一号"，不是指的某一架直升机，而只是一个代号。为总统执行飞行任务的直升机共有35架，型号有VH-3D海王、VH-60N黑鹰等，总统乘坐哪架，哪架就是"陆战队一号"。"陆战队一号"不会单独起飞，还有另外5架一样的直升机伴飞，6架飞机不停变化位置，以起到迷惑作用，让外界不容易搞清楚总统在哪架飞机上。

总统专机"空军一号"平时就停在安德鲁斯空军基地。从总统下直升机到登上"空军一号"，大概用时5 min。从"空军一号"起飞，到降落在纽约JFK机场，用时约30 min。与"陆战队一号"一样，"空军一号"也是个代号，通常由两架波音747执飞，总统坐哪架，哪架就是"空军一号"。

从"空军一号"下来，总统又会搭乘"陆战队一号"，到达曼哈顿的直升机机场，用时约7 min。最后，总统那拉风的车队才正式派上用场，"野兽"在大批车辆的簇拥下，把总统先生从直升机场送到联合国总部，用时约6 min。

从白宫到联合国总部，美国总统这趟行程共花了1 h左右，用了3种交通工具，汽车在里边承担的行程是最短的。

出这趟门儿一共要花多少钱呢？

先算直升机的账。直升机还是很省钱的，以黑鹰直升机为例，飞行1 h的费用为2199美元，6架直升机飞行15 min，共需要3180美元。再算"空军一号"的账。这个就比较厉害了，波音747飞行1 h的费用约为20.6万美元，30 min就是10.3万美元。最后再加上把车运过去的钱。重型运输机飞行1 h费用约10万美元，以半小时计算的话，需要花5万美元。

总的算下来，美国总统出门儿这一个小时，大概要花近16万美元（约100万人民币），1 min就要烧掉2600美元。

需要指出的是，这么高的出行安保费用，获得的仍然不是绝对安全，只不过安全度大幅度高于常人而已。

据美国中文网报道，当地时间2020年8月16日17时45分，美国总统特朗普在周日傍晚乘坐"空军一号"专机降落在华盛顿机场前，与一架无人机遭遇，当时这架无人机正好挡在"空军一号"的降落航线上，幸运的是无人机没有撞到"空军一号"，而是从飞机的右侧擦肩而过。据当时与特朗普共同乘坐"空军一号"的美方官员称，当时无人机距离总统专机非常近，机场许多乘客都清晰地看到了一架黄黑色的十字形无人机。如果这架无人机被吸入空军一号的发动机内，很可能导致因为一台发动机失灵出现推力偏差，致使正在降落的客机突然发生偏航，甚至可能让飞机冲出跑道酿成空难！

4.2 关于相对性原理的争论

有人认为，绝对安全至少存在于人们的心中，这也是人们的美好愿望。如果在行为的一切细节中都把它体现出来，那么绝对安全就可能成为现实。

关键是，我们的人力、财力不允许我们把所有的细节都做到完美无缺。

争论1：真的没有绝对安全吗？

第二次世界大战中后期，美国空军发现军用品生产厂家提供的降落伞合格率为99.9%，这意味着一千次跳伞，发生一次事故是理所当然的。这在空军内部引发了恐惧和不安，于是军方要求厂家必须提供100%合格率的降落伞，但厂家表示绝无可能。无奈之下，军方坚决要求厂方高管们亲身跳伞测试，结果，降落伞的合格率达到了100%。

有人根据这个案例称，怎么做不到绝对安全，这不是做到了吗？

我们对这个案例的真实性并不怀疑，怀疑的是其准确性，即降落伞的合格率是否真正达到了100%。100%应该只是抽样合格率。所以，真实情况应该是，合格率在99.9%的基础上进一步提高了，更接近100%了。这是可能的，因为只要愿意付出更高的成本，安全度就可以相应提高，但仍然难以达到绝对安全。

争论2：安全培训的合格线是否应该是满分？

有人提出，考取驾照的"科目一"，即理论考试科目，成绩大于或等于90%即为及格或通过，这意味着容许10%理论上的失误或实践上的事故隐患。而实践上一旦违章，就将会是扣分、罚款，甚至是血淋淋的事故。科目一是领取驾照者应知应会之理，必须满分。事实上，满分者不乏其人，为什么非得要在驾驶实践的教训中让人们补上这10%的分数呢？

如果按照这种观点，理论考试科目必须是满分才能合格，那么有几个人能拿到驾照呢？考试题目是否应该100%覆盖知识点呢？拿到驾照的人是不是就不发生事故了呢？答案是显而易见的。

📖 **思考题**

1. 运用相对性原理，对我国目前的安全生产水平作出科学的分析评价。

2. 举例说明安全管理中违背相对性原理的原因和对策。

5 目 标 原 理

目标原理解决的是安全活动的驱动力问题。通过制定安全目标，并用安全目标不断衡量安全工作的进度、质量，从而激励人们努力工作，保证安全目标的顺利实现。

《中华人民共和国国民经济和社会发展第十四个五年规划和2035年远景目标纲要》第五十四章第一节"提高安全生产水平"提出的国家安全生产目标是：完善和落实安全生产责任制，建立公共安全隐患排查和安全预防控制体系。建立企业全员安全生产责任制度，压实企业安全生产主体责任。加强安全生产监测预警和监管监察执法，深入推进危险化学品、矿山、建筑施工、交通、消防、民爆、特种设备等重点领域安全整治，实行重大隐患治理逐级挂牌督办和整改效果评价。推进企业安全生产标准化建设，加强工业园区等重点区域安全管理。加强矿山深部开采与重大灾害防治等领域先进技术装备创新应用，推进危险岗位机器人替代。在重点领域推进安全生产责任保险全覆盖。

为了保证安全目标的顺利实现，推进安全活动的有效开展，还要根据激励理论采取一系列的激励机制，包括精神激励、薪酬激励、荣誉激励、工作激励等。

5.1 目标原理的基本含义

1. 目标的作用

唐朝贞观年间，有一头白马和一头毛驴，它们是好朋友。贞观三年，这匹白马被玄奘选中，前往印度取经。17年后，这匹白马驮着佛经跟随玄奘回到长安，便到磨房会见它的朋友毛驴。白马谈起这次旅途的经历：浩瀚无边的沙漠、高耸入云的山峰、炽热的火山、奇幻的波澜，神话般的境遇让毛驴听了大为惊异。

毛驴感叹道："你有多么丰富的见闻呀！那么遥远的路途，我连想都不敢想。"

白马说："其实，我们走过的距离大体是相同的，当我向印度前进的时候，你也一刻没有停步。不同的是，我同玄奘大师有一个伟大的目标，始终如一地向目的地前行，所以我们走进了一个广阔的世界。而你被蒙住了眼睛，一直围着磨盘打转，所以永远也走不出狭隘的天地……"

白马和毛驴最大的差别就在于目标的不同，最终导致了不同的结果。

目标是什么？目标是奋斗的方向！目标是前进的动力！目标是衡量工作的尺度！目标是清醒剂，要成功就必须设定目标！

2. 制定什么样的目标

有人说，制定目标不要好高骛远，一定要根据现实，制定一个自己跳起来能够得着的目标。貌似很有道理，其实不然。

在制定目标这个问题上，有句古话说得好：求其上者得其中，求其中者得其下，求其下者无所得。这句话含义深刻，对照我们身边的人和事，无不如此。

但是，这句话意犹未尽，如何求其上？

答案只有一个——求之以极！

只有追求极致的人，才能做到最好。因为只有追求极致的人，才能做到千方百计；因为只有追求极致的人，才能做到不计成本；因为只有追求极致的人，才能做到日思夜想；因为只有追求极致的人，才能做到百炼成钢。

有的人说，给我多少钱，我就给你干多少活；有的人说，差不多了，可以交差了；有的人说，条件不具备，我有借口了；有的人说，我就这本事，爱咋咋地。

那么，是不是只有聪明人、天才甚至是圣人，才能做到极致呢？

换句话说，是不是普通人就没有资格追求极致呢？

当然不是，一个人只要做到自己的极致就可以了。也只有经常追求做到自我极致的人，才能把事情做好，才能不断提高自己的能力和水平，才能建立自信去干更大的事。

因此，制定目标时要记住：求其上者得其中；求其中者得其下；求其下者无所得；求之以极者得其上。

3. 安全目标管理

在安全领域一种应用比较普遍的安全管理方法叫安全目标管理，是目标原理在安全管理方面的应用。

安全目标管理是指企业内部各个部门以及每个职工，从上到下围绕企业安全生产的总目标，层层分解制定各自的目标，确定行动方针，安排安全工作进度，制定实施有效的组织措施，并对安全成果严格考核的一种管理制度。安全目标管理体系的构建如图 5 - 1 所示。安全目标管理是参与管理的一种形式，是根据企业安全工作目标来控制企业安全生产的一种民主的科学有效的管理方法，是我国企业实行安全管理的一项重要内容。

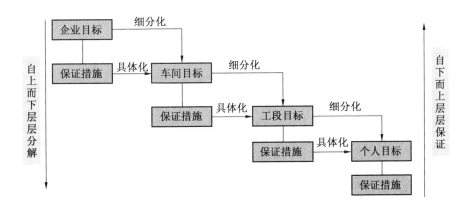

图 5 - 1　安全目标管理体系构建

安全目标管理是实现企业安全稳步提升的有效方法，必须围绕企业生产经营目标和上级对安全生产的要求，结合企业的生产经营特点，通过科学分析，合理制定。制定安全目标的基本原则：

（1）主次性原则。制定安全目标一定要突出重点，区分主次，不能平均分配、面面俱到。特别是应突出重大事故、重大隐患、伤害频率、安全设施合格率等方面的指标。同时应注意次要目标对重点目标的有效配合。

（2）先进性原则。安全目标具有先进性，基本要求是制定的目标应该高于当前的安全生产水平，使责任单位经过艰苦努力才能完成，既不能高不可攀，脱离实际，更不能要求平平，轻易达到。

（3）可量化原则。安全目标的评价标准要做到具体化、定量化、数据化，如伤害率比去年降低多少，以利于进行同期比较，便于检查和评价。

（4）整体性原则。制定的安全管理目标，首先要保证上级下达的指标能够完成，其次要考虑各部门、各单位及每个职工承担目标的能力。目标的高低要有针对性和实现的可能性，有利于调动各部门、各单位及每个职工的积极性，让其努力去完成目标。

（5）统一性原则。在制定目标时要同时提出保证目标实现的针对性措施，坚持安全目标与保证措施的统一性，保证安全目标的实现。

5.2　激励原理

企业安全生产总目标是否能实现，干部职工在工作和生产操作中是否重视安全生产，依赖于对其进行安全行为激励的有效性。

激励措施分为"外予激励"和"内滋激励"两种。外予激励是由外部推动力来引发人的行为，最常见的是金钱奖励，其他还有职务升迁、福利待遇提高、表扬、信任等手段。内滋激励是通过调动人的内部力量来激发人的行为，如获得自由、自我尊重、学习新知识、发挥智力潜能、实现自己的抱负、解决疑难问题等。外予激励和内滋激励虽然都能达到激励人的效果，但内滋激励的推动力更持久。

常见的激励理论主要包括双因素理论、成就需要理论、X – Y 理论、强化理论、期望理论、公平理论等。

1. 双因素理论

双因素理论是美国行为科学家弗雷德里克·赫茨伯格（Fredrick Herzberg）提出来的，又称保健因素理论。

20 世纪 50 年代末期，赫茨伯格和他的助手们在美国匹兹堡地区对两百名工程师、会计师进行了调查访问。访问主要围绕两个问题：在工作中，哪些事项是让他们感到满意的，并估计这种积极情绪持续多长时间；又有哪些事项是让他们感到不满意的，并估计这种消极情绪持续多长时间。赫茨伯格以对这些问题的回答为材料，着手去研究哪些事情使人们在工作中快乐和满足，哪些事情造成不愉快和不满足。结果他发现，使职工感到满意的都是属于工作本身或工作内容方面的；使职工感到不满的，都是属于工作环境或工作关系方面的。他把前者叫作激励因素，后者叫作保健因素。

保健因素的满足对职工产生的效果类似于卫生保健对身体健康所起的作用。保健从人的环境中消除有害于健康的事物，它不能直接提高健康水平，但有预防疾病的效果；它不是治疗性的，而是预防性的。保健因素包括公司政策、管理措施、监督、人际关系、物质工作条件、工资、福利等。当这些因素恶化到人们认为可以接受的水平以下时，就会产生对工作的不满意。但是，当人们认为这些因素很好时，它只是消除了不满意，并不会导致积极的态度，这就形成了某种既不是满意、又不是不满意的中性状态。

那些能带来积极态度、满意和激励作用的因素就叫作激励因素，这是那些能满足个人自我实现需要的因素，包括成就、赏识、挑战性的工作、增加的工作责任以及成长和发展的机会。如果这些因素具备了，就能对人们产生更大的激励。从这个意义出发，赫茨伯格认为传统的激励假设，如工资刺激、人际关系的改善、提供良好的工作条件等，都不会产生更大的激励；它们能消除不满意，防止产生问题，但这些传统的"激励因素"即使达到最佳程度也不会产生积极的激励。

按照赫茨伯格的意见，管理当局应该认识到保健因素是必需的，只不过它使不满意中和以后，就不能产生更积极的效果。只有"激励因素"才能使人们有更好的工作成绩。

赫茨伯格及其同事之后又对各种专业性和非专业性的工业组织进行了多次调查，他们发现，由于调查对象和条件的不同，各种因素的归属有些差别，但总的来看，激励因素基本上都是属于工作本身或工作内容的，保健因素基本上都是属于工作环境和工作关系的。但是，赫茨伯格注意到，激励因素和保健因素都有若干重叠现象，如赏识属于激励因素，基本上起积极作用，但当没有受到赏识时又可能起消极作用，这时又表现为保健因素；工资是保健因素，但有时也能产生使职工满意的结果。

赫茨伯格的双因素理论同马斯洛的需要层次论有相似之处。他提出的保健因素相当于马斯洛提出的生理需要、安全需要、感情需要等较低级的需要；激励因素则相当于受人尊敬的需要、自我实现的需要等较高级的需要。当然，他们的具体分析和解释是不同的。但是，这两种理论都没有把"个人需要的满足"同"组织目标的达到"联系起来。

双因素理论促使企业管理人员注意工作内容方面因素的重要性，特别是它们同工作丰富化和工作满足的关系，因此是有积极意义的。赫茨伯格告诉我们，满足各种需要所引起的激励深度和效果是不一样的。物质需求的满足是必要的，没有它会导致不满，但是即使获得满足，它的作用往往是有限的、不能持久的。要调动人的积极性，不仅要注意物质利益和工作条件等外部因素，更重要的是要注意工作的安排，量才录用，各得其所，注意对人进行精神鼓励，给予表扬和认可，注意给人以成长、发展、晋升的机会。随着温饱问题的解决，这种内在激励的重要性越来越明显。

双因素理论强调：不是所有的需要得到满足都能激励起人的积极性。只有那些被称为激励因素的需要得到满足时，人的积极性才能最大程度地发挥出来。如果缺乏激励因素，并不会引起很大的不满。而保健因素的缺乏，将引起很大的不满，然而具备了保健因素时也并不一定会激发强烈的动机。赫茨伯格还明确指出；在缺乏保健因素的情况下，激励因素的作用也不大。

2. 成就需要激励理论

成就需要理论也称激励需要理论，是由 20 世纪 50 年代初期美国哈佛大学的心理学家戴维·麦克利兰（David C. McClelland）在集中研究了人在生理和安全需要得到满足后的需要状况，特别对人的成就需要进行了大量的研究后，而提出的一种新的内容型激励理论。

麦克利兰认为，在人的生存需要基本得到满足的前提下，成就需要、权利需要和合群需要是人的最主要的三种需要。成就需要的高低对一个人、一个企业发展起着特别重要的作用。该理论将成就需要定义为根据适当的目标追求卓越、争取成功的一种内驱力。

该理论认为，有成就需要的人，对胜任和成功有强烈的要求，同样，他们也担心失败。他们乐意甚至热衷于接受挑战，往往为自己树立有一定难度而又不是高不可攀的目标；他们敢于冒风险，又能以现实的态度对付冒险；他们绝不以迷信和侥幸心理对付未来，而是对问题善于分析和估计。他们愿意承担所做工作的个人责任，但对所从事的工作情况希望得到明确而又迅速的反馈。这类人一般不常休息，喜欢长时间的工作，即使真出现失败也不会过分沮丧。一般来说，他们喜欢表现自己。成就需要强烈的人事业心强，喜欢那些能发挥其独立解决问题能力的环境。在管理中，只要对他提供合适的环境，他就会充分发挥自己的能力。

权利需要较强的人有责任感，愿意承担需要的竞争，并且能够取得较高的社会地位的工作，喜欢追求和影响别人。

该理论还认为，具有归属和社交需要的人，通常从友爱、情谊、人与人之间的社会交往中得到欢乐和满足，并总是设法避免因被某个组织或社会团体拒之门外而带来的痛苦。他们喜欢保持一种融洽的社会关系，享受亲密无间和相互谅解的乐趣，随时准备安慰和帮助危难中的伙伴。合群需要是人们追求他人的接纳和友谊的欲望。合群需要欲望强烈的人渴望获得他人赞同，高度服从群体规范，忠实可靠。

成就需要理论的主要特点是：它更侧重于对高层次管理中被管理者的研究。由于成就需要理论的这一特点，它对于企业管理以外的科研管理、干部管理等具有较大的实际意义。

3. X－Y 理论

这一理论其实包含"X 理论"和"Y 理论"两种理论，其分别是在人性本恶或者人性本善的基本看法基础上而提出相应的激励人行为的方法。如果从"恶"的方面认识人，其对行为的控制就严厉、强制；如果从"善"的方面认识人，其对行为的控制则采取温和、诱导的方式。"X 理论"对人的看法是：天性好逸恶劳，尽可能逃避工作；以自我为中心，对组织需要漠不关心；缺乏进取心、怕负责任；趋向保守，反对革新。因此，"X 理论"主张采取"强硬的"管理办法，包括强迫、威胁或严密的监督，或者采取"松弛的"管理办法，包括顺应职工，一团和气。事实证明这种理论有明显的不足。"Y 理论"对人的看法正好相反：人并非天生厌恶工作；能自我指挥和自我控制，外部惩罚和威胁不能促使人更加努力；具有想象力和创造力；能接受责任和主动承担责任。因此，"Y 理论"主张采取激励的办法：分权和授权；扩大工作自主范围；采取参与制；鼓励自我评价。以上两种极端的理论和方法，都有一定的片面性，因此应该综合两种理论特长，具体对象，具体对待。这种综合"X 理论"和"Y 理论"的方法也称为"权变理论"。目前在很多管理实践中，都采用"权变理论"的方法：在管理中采取强硬与温和相结合、分权与调控相结合、自主与控制相结合的管理方式。

4. 强化理论

强化指通过对一种行为的肯定或否定（奖励或惩罚）使行为得到重复或制止的过程。强化理论的基本观点是：

（1）人的行为受到正强化趋向于重复发生，受到负强化会趋向于减少发生。例如，当一个人做了好事受到表扬，会促使他再做好事；当一个做了错事受到批评，就会使他减少做类似的错事。

（2）若想激励人按一定要求和方式去工作，奖励（给予报酬）比惩罚更有效。

（3）反馈是强化的一种重要形式。反馈就是使工作者知道结果。

（4）为了使某种行为得到加强，奖赏（报酬）应在行为发生以后尽快提供，考虑强化的时效性，延缓提供奖赏会降低强化作用的效果。

（5）对所希望发生的行为应该明确规定和表述。只有行为的目标明确而具体，才能对行为效果进行衡量和及时予以奖励。强化理论在安全管理中得到广泛应用，如安全奖励、事故罚款、安全单票否决、企业升级安全指标等。

5. 期望理论

这一理论可用公式表述：

$$激励力 = 目标效价 \times 期望概率$$

其中，激励力是指调动积极性发挥内部潜力；目标效价指个人对某一行为成果价值的主观评价；期望概率指行为导致成果的可能性大小。

这一理论说明，应从提高目标效价和增强实现目标的可能性两个方面去激励人的安全行为。人对目标价值的评价受个人知识、经验、态度、信仰、价值观等因素影响，而期望概率受条件、环境等因素制约。提高人们对安全目标价值的认识、创造有利的条件和环境，增强实现安全生产的可能性，是安全管理和工作人员应该去努力的。

6. 公平理论

公平理论认为人的工作动机不仅受到所得到的绝对收益的影响，而且受相对收益的影响，即一个人不仅看自己的实际收益，还会把其与别人的收益作比较，当二者相等或合理，则认为是正常和公平的，因而心情舒畅地积极工作，否则会产生不公平感，于是影响行为的积极性。这一理论告诉我们，应重视"比较存在"的意义及作用，不仅要实行按劳付酬的原则，还要考虑同类活动及周围环境的状况，尽量做到公平合理，否则会挫伤人的积极性。

📖 思考题

1. 结合自身经历，谈谈目标原理的运用与效果。

2. 结合所在单位（或者你熟悉的单位）员工的安全态度，谈谈所在单位安全激励措施的得与失。

6 马斯洛需求层次模型

美国社会心理学家、人格理论家和比较心理学家亚伯拉罕·哈罗德·马斯洛（Abraham Harold Maslow），于1943年在论文《人类激励理论》中提出人的需求层次模型，对人的不同需求及其相互关系进行了分析。

6.1 马斯洛需求层次模型的基本含义

马斯洛将人类需求像阶梯一样从低到高按层次分为五种，分别是：生理需求、安全需求、社交需求、尊重需求和自我实现需求，如图6-1所示。马斯洛认为，这些需求都是按照先后顺序出现的，当一个人满足了较低的需求之后，才能出现较高级的需求，即需求层次。

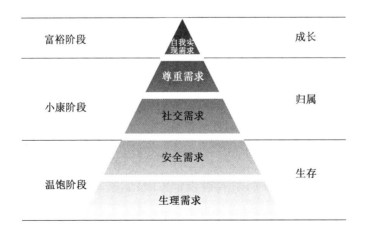

图 6-1 马斯洛需求层次理论

生理需求包括呼吸、水、食物、睡眠、性等。如果这些需求（除性以外）任何一项得不到满足，人类个人的生理机能就无法正常运转，换而言之，人类的生命就会因此受到威胁。从这个意义上说，生理需求是推动人们行动最首要的动力。马斯洛认为，只有这些最基本的需求满足到维持生存所必需的程度后，其他的需求才能成为新的激励因素，而到了此时，这些已相对满足的需要也就不再成为激励因素了。

安全需求包括人身安全、家庭安全、健康保障、工作职位保障等。马斯洛认为，整个有机体存在一个追求安全的机制，人的感受器官、效应器官、智能和其他能量主要是寻求安全的工具，甚至可以把科学和人生观都看成是满足安全需求的一部分。当然，当这种需求一旦相对满足后，也就不再成为激励因素了。

社交需求包括亲情、友情、爱情等。人人都希望得到相互的关心和照顾。情感上的需要比生理上的需要来的细致，它和一个人的生理特性、经历、教育、宗教信仰都有关系。

尊重需求包括自我尊重、信心、成就、对他人尊重、被他人尊重等。人人都希望自己有稳定的社会地位，要求个人的能力和成就得到社会的承认。尊重的需要又可分为内部尊重和外部尊重。内部尊重是指一个人希望在各种不同情境中有实力、能胜任、充满信心、能独立自主，内部尊重就是人的自尊。外部尊重是指一个人希望有地位、有威信，受到别人的尊重、信赖和高度评价。马斯洛认为，尊重需求得到满足，能使人对自己充满信心，对社会满腔热情，体验到自己活着的社会价值。

自我实现需求包括道德、创造力、自觉性、问题解决能力、公正度、接受现实能力等。这是最高层次的需求。它是指实现个人理想、抱负，发挥个人的能力到最大程度，达到自我实现境界的人，接受自己也接受他人，解决问题能力增强，自觉性提高，善于独立处事，要求不受打扰地独处，完成与自己的能力相称的一切事情的需要。也就是说，人必须干称职的工作，这样才会使他们感到最大的快乐。马斯洛提出，为满足自我实现需要所采取的途径是因人而异的。自我实现的需要是在努力实现自己的潜力，使自己越来越成为自己所期望的人物。

6.2 马斯洛需求层次模型的安全解读

1. 做好安全工作的前提

根据马斯洛需求层次模型，做好安全工作的前提是解决基本的生存问题。低收入的单位安全生产水平一般都比较低，低收入的群体往往成为社会的不安定因素，就是这个道理；追求共同富裕、减小贫富差距，也是这个道理。

2021 年，我国全面建成了小康社会，彻底消灭了绝对贫困，这是一件非常伟大的壮举！解决好了基本生存问题，人们自然会转向安全需求。因此，小康社会的建成，为今后安全工作的开展打下了坚实的基础。

我们通过底特律的兴衰史来看安全的重要性。

底特律，位于美国东北部，加拿大温莎以北，地处北美五大湖区，凭借得天独厚的煤炭和河道资源，于 18 世纪兴起，成为美国重工业城市，是美加边境上唯一的一座大城市，也是美国密歇根州最大的城市。

1825 年伊利运河开通，底特律真正开始走向繁荣。随着航运、造船以及制造工业的兴起，底特律凭借其五大湖水路战略位置的优越性，逐渐发展成为重要的交通枢纽，并于 19 世纪 30 年代起稳步增长。

1914 年，老福特首创的流水线作业，使底特律的蓝领迅速成长为中产阶级，不仅带动了汽车产业的蓬勃兴盛，更直接带来了美国的 20 世纪 20 年代的"柯立芝繁荣"，成功开启了美国全民汽车时代。在汽车先驱福特、通用和克莱斯勒的共同努力下，底特律慢慢成为美国乃至世界汽车工业之都，同时也是五大湖区仅次于芝加哥的第二大工业城市。工业的快速发展吸引了来自美国南部的大量居民，从

1850年到1930年的80年间，底特律每十年的人口增长率都保持在30%以上，最大增幅高达100%。

1929年大萧条后，第二次世界大战爆发为底特律的再次发展带来机遇。底特律凭借强大的制造能力为美国提供了大量军需物资，被称为"民主的机械库"。第二次世界大战结束后，底特律汽车商又为工业复兴和经济复苏做出极大贡献。至20世纪50年代，底特律人口达到顶峰，拥有185万规模的人口，成为美国第四大都市。20世纪60年代初，底特律进入全盛期，制造业岗位达到22万个，成为全球最大的制造业中心。

如今，底特律却成为美国犯罪率最高的城市。底特律的高犯罪率与经济环境惨淡有直接关系，将近40%的居民生活在贫困线以下。

底特律以前是一座工业城市，有"汽车城"一说。后来，底特律生产的耗油汽车遭到市场淘汰，大量人员失业，最后不得不申请破产。

底特律破产之后，治安进一步恶化。曾经有200万人口的底特律市区，如今只剩下80万人。因此，这里有大量空置的房屋待售，价格极低，有的只需1美元！

2. 安全在社会发展过程中的定位

2021年1月18日国家应急管理部召开会议，研究部署近期安全生产工作。会议指出，近期全国安全生产形势总体稳定，但接连发生金矿爆炸等重大涉险事故表明，当前安全生产形势严峻复杂，必须始终保持清醒头脑，坚持问题导向，出实招、使实劲、求实效。

根据马斯洛需求层次模型，人的安全需求满足以后，才会出现社交的需求、尊重的需求和自我实现的需求。因此，安全工作搞不好，会制约后续需求的产生，未来的社会转型也会受到很大影响。

在十九大报告中，习近平总书记指出，综合分析国际国内形势和我国发展条件，从2020年到本世纪中叶可以分两个阶段来安排：第一个阶段，从2020年到2035年，在全面建成小康社会的基础上，再奋斗15年，基本实现社会主义现代化。第二个阶段，从2035年到本世纪中叶，在基本实现现代化的基础上，再奋斗 15 年，把我国建成富强、民主、文明、和谐、美丽的社会主义现代化强国。

一个富强、民主、文明、和谐、美丽的社会，必须首先是一个安全的社会。

📖 思考题

运用马斯洛需求层次模型，分析预测我国进入小康社会后安全工作面临的压力与机遇。

7　因　果　原　理

因果原理是安全基本原理中最大、最重要的原理，其内涵非常丰富，掌握和运用因果原理也很不容易。但是，一旦掌握了因果原理，对我们的工作、生活都会大有助益；掌握得越好，体会得越深，助益就越大。

7.1　因果原理的内涵分析

7.1.1　曲突徙薪的启示

有这样一个故事：古时候，有一户人家建了一栋房子，亲朋好友都前来祝贺，纷纷奉承这房子造得好。主人听了十分高兴。但是有一位客人，却诚心诚意地向主人提出："您家厨房里的烟囱是从灶膛上端笔直通上去的，这样，灶膛的火很容易飞出烟囱，落到房顶上引起火灾。您最好改一改，在灶膛与烟囱之间加一段弯曲的通道。这样就安全多了。"顿了一顿，这个客人又说："您在灶门前堆了那么多的柴草，这样也很危险，还是搬远一点好。"主人听了以后，不以为然，也没有采纳他的意见。

过了几天，新房果然由于厨房的毛病起火了，左邻右舍齐心协力，拼命抢救，才把火扑灭了。主人为了酬谢帮忙救火的人，专门摆了酒席，并把被火烧得焦头烂额的人请到上座入席。唯独没有请那位提出忠告的人。这时，有人提醒主人："您把帮助救火的人都请来了，可为什么不请那位建议您改砌烟囱、搬开柴草的人呢？如果您当初听了那位客人的劝告，就不会发生这场火灾了。现在，是论功而请客，怎么能不请对您提出忠告的人，而请在救火时被烧得焦头烂额的人坐在上席呢？"主人听了以后，幡然醒悟，连忙把当初那位提出忠告的人请来了。

有人就总结了一副对联：焦头烂额待上客，曲突徙薪为彼人。

曲突徙薪这个成语故事给我们的启示绝不仅仅是"防患于未然"这么简单，更深的启示是，大家看到的是同样的房子、同样的场景，为什么有人能够预见到火灾的发生，并提出了很好的建议。在我们的工作生活中，怎样才能具备这种"先知先觉"的能力才是最重要的。

7.1.2 先知先觉与因果原理

算命先生给一个将军算命，说：阁下天庭饱满，身材宽大，大耳能招风，方正吞天口，将来必为真命天子。后来将军果然南面称帝。如果按照这种套路讲故事，那么这个算命先生肯定就是先知先觉了。

真实的历史是这样的：刘备三顾茅庐，诸葛亮分析了发展路径，他说："自董卓以来，豪杰并起，跨州连郡者不可胜数。曹操比于袁绍，则名微而众寡。然操遂能克绍，以弱为强者，非惟天时，抑亦人谋也。今操已拥百万之众，挟天子而令诸侯，此诚不可与争锋。孙权据有江东，已历三世，国险而民附，贤能为之用，此可以为援而不可图也。荆州北据汉、沔，利尽南海，东连吴会，西通巴、蜀，此用武之国，而其主不能守，此殆天所以资将军，将军岂有意乎？益州险塞，沃野千里，天府之土，高祖因之以成帝业。刘璋暗弱，张鲁在北，民殷国富而不知存恤，智能之士思得明君。将军既帝室之胄，信义著于四海，总揽英雄，思贤如渴，若跨有荆、益，保其岩阻，西和诸戎，南抚夷越，外结好孙权，内修政理；天下有变，则命一上将将荆州之军以向宛、洛，将军身率益州之众出于秦川，百姓孰敢不箪食壶浆以迎将军者乎？诚如是，则霸业可成，汉室可兴矣。"

这便是著名的《隆中对》，诸葛亮没有像算命先生那样，用玄妙的言辞忽悠刘备，而是给出了整个的分析过程，自然而然地推导出霸业可成的结果，这就是因果原理的应用。

7.1.3 因果原理的内涵

因果原理是安全科学的重要原理之一，对安全工作的开展具有重要的指导意义。因果原理可以表述为：

有因有果，有果有因。

无因无果，无果无因。

因即是果，果即是因。

因不是果，果不是因。

圣人畏因，凡夫畏果。

因果原理包括5层含义：

（1）"有因有果、无因无果"是由因知果，即由原因推知结果。有原因必然导致结果，比如生产现场存在安全隐患，如果不及时消除，迟早要引发事故。反过来，没有踏实开展安全活动的原因，就不会得到安全生产水平提高的结果。因此，我们要有能力根据目前存在的条件与状态预测未来发生事故的方式、过程和后果。

（2）"有果有因、无果无因"是由果知因，即由结果推知原因。有结果必然存在其原因，有事故发生一定存在导致事故的原因。因此，我们要有能力根据目前表现出来的结果和状态分析其过去可能存在的原因。事故的调查分析就是由果知因的过程。

（3）"因即是果、果即是因"讲的是因果转化。原因和结果可以相互转化，一个（些）原因导致一个结果，这个结果又会引发另外的结果，而这个结果就变成了引发后续结果的原因。

（4）"因不是果，果不是因"讲的是因果区分。工人素质低和安全教育效果不好，哪个是因？哪个是果？企业事故频发和员工待遇过低，哪个是因？哪个是果？领导不喜欢我和我消极怠工，哪个是因？哪个是果？对于一个特定的事件或时间，原因和结果又是必须要区分清楚的，否则就不能有效地指导我们的安全工作。

（5）"圣人畏因、凡夫畏果"讲的是重视原因好于重视结果。意思是凡夫只有看到事情的恶果才产生恐惧，但为时已晚，不知今日的恶果起源于昨日的恶因，平常任意胡为，只图一时快乐，不知乐是苦因；圣人则不然，因为懂得因果原理，知道导致恶果的原因才是最可怕的，能克制自己不去造这个恶因，平常一举一动谨身护持，戒慎于初，既无恶因，何来恶果。

7.1.4 看透因果

如何才能看清因果呢？

有两条，一要心静，二要心正。心静了，心正了，不偏不倚了，才能看破红尘，看破红尘不是逃避这个世界，而是看透其中的因果关系，不让红尘蒙住了双眼。

人的心态应当是平静如水的。

譬如水库里的水，它很平静，但不是死水一潭，水库里有水草的生长，也有鱼虾的游动，表面却是很平静的。就像我们的生活，天天都有油盐酱醋、鸡毛蒜皮的小事，但是我们能够保持生活平静，日复一日。

站在水库边上，向平静的水面投一粒石子，会在水面激起层层涟漪；向水面投入巨石，会砸得水花四溅、掀起汹涌的波涛。水波的大小是和投入石头的大小相对应的，石头越小，波纹越小，石头越大，波纹越大。但是，无论投入的是石子还是巨石，也无论产生的是涟漪还是波涛，水面最终都会恢复平静，就像什么都没发生过一样。生活中也会发生各种各样的事情，不管事情是大是小、是喜是悲，都会扰乱我们内心的平静，给我们带来喜怒哀乐悲恐惊的情感体验。但是事情过去了，我们的内心也应该恢复平静，事情再大也不应该永远留在心里。只有这样，我们才能获得心灵的安宁，并保持这份安宁。否则，我们就会陷入无穷无尽的烦恼之中，永无宁日。

再拿水打比方，波涛汹涌的水面，你是看不清投入的是石子还是巨石的，只有平静的水面，才能根据波纹的大小判断石头的大小，甚至岸边的一草一木、天上的一鸟一雀，都能在水面留下清楚的影像。

7.1.5 因果原理的应用

通过上述介绍，我们了解了因果原理的基本内涵，以及因果原理对我们的工作、学习、生活可能产生的巨大指导意义。下面通过两个实际案例，说明因果原理在安全领域的具体运用。

案例1 高原矿井通风

笔者曾经主持过一个高原矿井通风的课题，其技术思路的确定过程就是一个典型的因果逻辑推理过程。

1. 高原矿井通风存在的技术难题

我国青藏高原为高海拔地区，气候的特点是大气压力低、空气稀薄缺氧、气候干燥寒冷，但是西部地区矿产资源丰富。娘姆特煤矿位于青海省东北部大通河流域、江仓河北岸，海拔3850 m，大气压力只有62000 Pa左右，大气含氧量只有190 g/m³左右，大气压力和含氧量大约相当于平原地区的60%。在这样的环境下工作，人员容易出现头痛、头晕、心脏扩大、消化不良、呼吸道黏膜损伤等高原病症，治疗不及时也容易导致死亡，严重影响矿工的身体健康和劳动效率。

煤矿井下开采，井下人员多、分布范围广、作业空间有限、劳动强度大。不解决高海拔低压低氧的问题，人员的生存都比较困难，更不用说在井下从事重体力劳动了。

由于当时没有可行的对策措施，高原矿井通风被列为继高原冻土之后的第二大技术难题。

2. 高原矿井通风的解决方案

山东科技大学通风降温团队在接到这个技术问题以后，组织科研人员多次分析研究，因为没有成熟的技术、案例可以借鉴，甚至相关资料都很少，一直找不到思路。

后来根据因果原理，通过深入的因果分析，提出了人工增压的解决方案，简单有效彻底地解决了这个第二大技术难题。其基本技术原理是风机风窗联合调压原理。设计院设计的通风系统方案如图7-1所示，主要通风机安装在风井井口，作抽出式通风。人工增压通风系统方案如图7-2所示，主要通风机安装在副井井口，作压入式通风，在风井的出口部位设置了调节风窗用以调节矿井风量。

根据风机风窗联合调压原理，图7-2所示的副井入口风机和风井出口调节风窗之间的井下巷道也就是整个矿井，大气压力都会得到

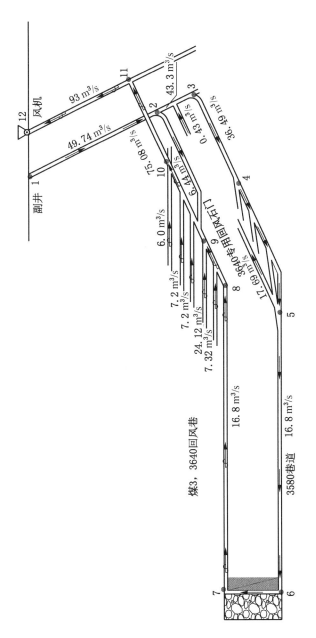

图 7-1 原抽出式通风系统设计示意图

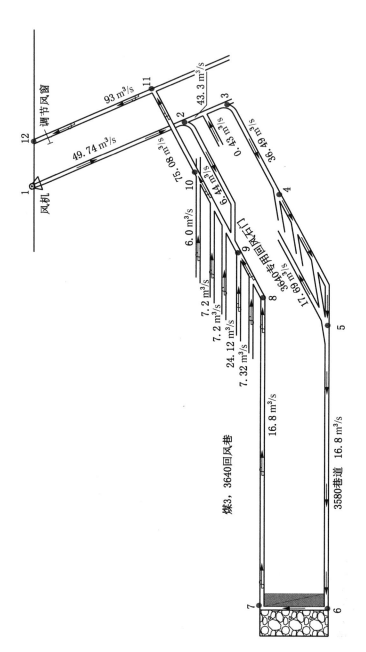

图 7-2 人工增压通风系统方案示意图

提升，通过选择合适的风机和调节风窗，就会得到想要的大气压力和矿井风量。

3. 高原矿井通风因果分析过程

人工增压技术方案因果分析过程如图 7－3 所示。

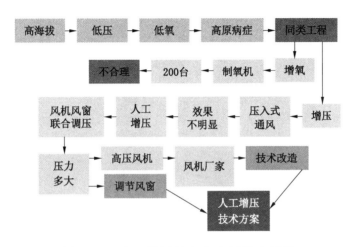

图 7－3　人工增压技术方案因果分析图

首先，由果知因，由高原病症这个结果分析其原因：导致高原病的原因是空气含氧量低，含氧量低的原因是由于大气压力过低，而低气压是由于高海拔产生的。

其次，由因知果，由高原病症这个现象分析其对策：在没有同类工程可以借鉴的情况下，根据前述原因分析，第一方案想到的是在空气中增氧，通过调查分析，全国最大的制氧机需要 200 台联合工作才能满足安全生产要求，该方案明显不合理。

第二方案想到的是提高井下大气压力，因为根据前述原因分析，增压就是增氧。由增压想到压入式通风，经过分析后发现，虽然采用压入式通风有一定效果，但是不能从根本上解决问题。怎样才能产生足够高的压力呢？这才想到风机风窗联合调压，分析至此，解决方案已经呼之欲出了，剩下的工作就很顺利了。我们根据含氧量与生产效率的关系确定了调压幅度，虽然市场上暂时没有我们需要的高压风机，但是风机厂家通过技术改造完全可以制造，而且费用增加不多，而调节风窗有现成的理论指导设计。人工增压技术方案设计完成。

4. 因果原理的指导作用

人工增压技术方案在矿方组织专家论证的时候，专家提出了各种问题质疑。

有专家提出，矿工需要的是氧气，不是压力，应该采用增氧的方案。我们指出了增压和增氧的关系，说明了增压就是增氧，并出示了增氧方案不可行的分析数据。之所以有人提出这样的问题，是因为在增压和增氧的关系上犯了因果不明的错误。

有专家提出，市场没有需要的高压风机，方案实现不了。我们出示了风机厂家技术人员提供的解决方法，证明风机可以通过改造的办法解决。之所以有人提出这样的问题，是因为因果分析不到位，对我国风机的设计制造能力不了解，现在没有不代表将来不可以有。

有专家提出，高压风机必然带来大风量，不利安全生产。我们对风机风窗联合调压原理作出说明，明确说明风压、风量都是可以设计和控制的。

因为在因果原理指导下，相关问题我们都考虑到了，并且做了充分的分析论证，技术方案才得以顺利通过论证并付诸实施。

案例2　人员高处坠落事件

一名安全管理人员曾经指导过一起事件调查，该事件发生在国际海洋重工制造行业，类别为人员高处坠落，其原因分析及整改措施的制定过程是因果原理的恰当应用。（下文从安全管理人员的角度，采用第一人称叙述）

1. 国际海洋工程重工制造行业的施工复杂性

事件发生在蓬莱巨涛承建的欧洲 YAMAL 项目建造过程中。2015年9月15日上午，两名管工违规拆除脚手架。拆除最后一根承重杆后，脚手架突然垮塌，坠落高度3.3 m。两人随脚手架跌落在下方垃圾箱边框摔伤，幸运的是两人只是轻微外伤。事件现场如图7-4所示。

图7-4 人员高处坠落事件现场

2. 事件根本原因分析与整改方案

很多人觉得这起事件"太简单"了，"非架子工"违规拆除脚手架（"架子工"属于特殊工种作业人员，需要持证上岗），这属于员工"违章作业"。而且员工伤得也不重，用不着兴师动众组织调查。整改措施也很简单，发个禁令并要求管理人员在班前会上专门强调一下，一旦发现严肃处理。事实上，每位员工都知道这条禁令。于是，还有人说，当事员工违章作业时，如果有人能及时发现并制止他们，就可以避免这起事件了。而只靠提醒预防伤害似乎还不够。

事件发生时，当事员工的领班也在作业现场，也是这位领班把架子工使用的扳手递给当事员工并安排他们去拆除脚手架的，而作为领班的他根本没有意识到拆除脚手架会有什么风险。调查进行到这里似乎很明朗了，当事领班"违章指挥"。整改措施就需要加上对当事领班的专项教育培训以及处罚，并提醒员工使用拒绝违章指挥的权利。

事实是，这位领班是一位"代领班"，因领班休假他临时承担领班职责。他领到的工作任务是，协调起重机械和起重工，将事件中涉及的大管段吊装到模块上去，并进行管段安装，如图7-5所示。作业前他发现管段上有两根脚手架管压着且脚手架管连接在脚手架平台上，吊装无法进行，于是去找架子工寻求帮助。但是因为没有脚手架拆除的作业计划，未提前通知脚手架队伍，架子工无法及时赶过来协助，这位领班便向其借了专用扳手。

图7-5　模块与吊装作业

有人说，如果架子工不借给领班专用扳手，或许事件就不会发生了。而这组管件完成油漆作业之后转运到事发现场已经三天了，如果这三天内有人提前通知脚手架作业队伍，困扰领班和两名伤员的脚手架就不存在了。没有计划或计划不足，让作业风险控制的不确定性大大增加。于是我们发现了事件的第三层原因：准备不足。

一般的事件调查往往到这里就戛然而止了，但实际上这些远远没有深入到这起事件的核心。

为什么管工需要拆除这些脚手架呢？因为他们根本不需要。为什么不需要的脚手架会出现在作业现场呢？因为上一个作业环节（打砂油漆作业）完毕后没有及时拆除。这些脚手架只是为了打砂油漆作业而搭设的，所以在完成打砂油漆作业、管件被运走前，它们应该被拆除。从这个角度来看，如果上一个作业环节结束后，负责人能为下一个作业环节去着想，在风险诱发事故的发展过程中，脚手架被及时拆除了，就不会发生后来的人身伤害事件。这样的分析启发我们去制定一个工作交接标准，合理控制管理交叉环节。

继续追根溯源，打砂油漆队伍也很委屈：管件长度为 12 m，而转运平台只有 10 m，要进行打砂喷漆作业，只能专门搭设脚手架。如果吊装运输管段时选用 12 m 的转运平台，打砂油漆作业就不需要搭设脚手架，既节省了脚手架搭设拆除过程的人工和时间成本，又完全规避了后面可能的伤害和损失。或许，选择转运平台的作业人员会说，我就近选用了满足运输需求的转运平台，节省了我们这个作业环节的人力、物力和时间。听起来似乎有道理，但项目建造不只是一个环节的工作，每个组成环节应该为整体服务。这种只顾自己作业环节而不顾整体施工作业的短视行为，爱走捷径的行为，生产中发生了无数次而且还在不停地发生。这暴露了管理缺乏科学系统性是埋下隐患并诱发事故的根源。从管理人员的角度来讲，转运平台的选择应该有标准，而且工作计划要提前交底给员工，不按照要求随意去选择时，就需要付出他不想付出的代价来保障令行禁止。

3. 因果原理在事件调查中的指导作用

至此，我们发现至少可以从现场检查、领班管理、工作计划、环节控制、执行标准五个环节层次去控制问题的发生，而控制越是靠前，控制成本会越低，风险就会越小，影响的范围也会越小。事故也不是一个简单的违规作业导致的伤害或停工损失，它似乎客观而冷静，环伺着可能的漏洞，但它的外表和威胁不会遮盖它的根源。无论是上游管理缺陷导致的下游生产问题，还是因同时施工而交叉影响的作业分歧，认真细致的风险辨识、科学合理的作业规划、及时准确的信息沟通、灵活有效的变更应对、深入根源的教训反思，才是高效管理的唯一途径。

图 7-6 是对事故因果分析时使用的鱼刺图。

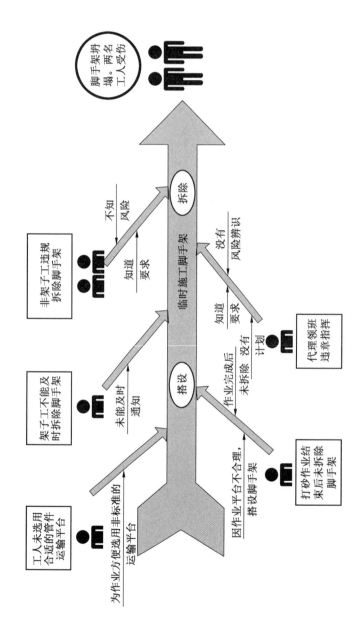

图 7-6 人员高处坠落事件鱼刺图

在因果原理的指导下，分析才能层层剥茧，不被事故表象所迷惑，真正找到事件诱发的各个因素，全面而细致地制定整改措施，由点及面地梳理管理漏洞，从而规避风险，提高安全管理效率和施工工效。

7.2　必然性原理

必然性跟偶然性相对是指事物发展、变化中不可避免和一定不移的趋势。必然性是由事物的本质决定的，认识事物的必然性就是认识事物的本质。

虽然事件发生的原因是多方面的，人们在特定的条件下不一定能掌握某事件的所有条件，也观测不到所有的已知条件，但当认识到一件事情发生的主要原因后，其他次要因素无法改变事情的结果，那就可以认为此事是必然发生或必然不发生而表现出必然性。

事故的必然性中包含着规律性。既为必然，就有规律可循。必然性来自因果性，深入探查、了解事故因果关系，就可以发现事故发生的客观规律，从而为防止发生事故提供依据。收集尽可能多的事故案例进行统计分析，就可以从总体上找出带有根本性的问题，为宏观安全决策奠定基础，为改进安全工作指明方向，从而做到"预防为主"，实现安全生产的目的。

必然性原理在安全活动中有3个表现：

（1）事故隐患的存在，如果不能得到及时的排除，必将导致事故的发生，因此"圣人畏因"。

（2）事故尤其是重大事故发生以后，事故的惨烈后果必然会引起人们的强烈不安，因此"凡夫畏果"。

（3）宏观上，安全生产水平和安全活动开展效果是直接相关的，因为安全活动开展效果涉及技术、装备、环境、管理、人员素质等诸多因素，不可能在短期内有很大改变，所以安全生产水平也不可能在短期内迅速改变。因此，依靠短时间内的集中整治活动改变一个地域、一个行业、一个大型企业集团的安全生产状况是不现实的。

7.2.1　事故致因理论

事故致因理论是因果原理在总结事故发生规律过程中的运用。

事故致因理论是指探索事故发生及预防规律，阐明事故发生机理，防止事故发生的理论。事故致因理论可以帮助我们分析事故的起因、发展过程和事故后果，从而采取针对性措施，防止事故的发生。

事故致因理论的出现，已有 80 多年历史，从最早的单因素理论发展到不断增多的复杂因素的系统理论。

1919 年格林伍德和 1926 年纽伯尔德，都曾认为事故在人群中并非随机地分布，某些人比其他人更易发生事故，因此，就用某种方法将有事故倾向的工人与其他人区别开来。这种理论的缺点是过分夸大了人的性格特点在事故中的作用，而且不能解释何以在同等危险暴露情况下，人们受伤害的概率都不相等。

1939 年法默和凯姆伯斯又重复提出：一个有事故倾向的人具有较高的事故率，而与工作任务、生活环境和经历等无关。1951 年阿布斯和克利克的研究指出，个别人的事故率具有明显的不稳定性，对具有事故倾向的个性类型的量度界限也难于测定。广泛的批评使这一单一因素理论——具有事故倾向的素质论，被排出事故致因理论的地位。1971 年邵合赛克尔主张将事故倾向素质论仅供工种考选的参考。他只着意于多发事故，而丝毫无意涉及人的个性。淘汰"多发事故人"是受泰勒的科学管理理论的影响。

1936 年，海因里希提出了应用多米诺骨牌原理研究人身受到伤害的五个顺序过程，即伤亡事故顺序五因素（遗传及社会环境、人的缺点、人的不安全行为或物的不安全状态、事故、伤害）。

1953 年，巴尔将上述骨牌原理发展为"事件链"理论，认为事故的前级诸致因因素是一系列事件的链锁，一环生一环，一环套一环。链的末端是事件后果——事故和损失。

1961 年，美国的沃森提出了以逻辑分析中的演绎分析法和逻辑电路的逻辑门形式绘制事故模型。

由于火箭技术发展的需要，系统安全工程应运而生。美国在1962年4月首次公开了"空军弹道导弹系统安全工程"的说明书。1965年，Kolodner在安全性定量化的论文中在沃森的基础上系统地介绍了故障树分析（FTA）；同年Recht也介绍了FTA和FM&E（故障类型和影响）。这些系统安全分析方法，实质上是事件链理论的发展。1970年Driessen明确地将事件链理论发展为分支事件过程逻辑理论。FTA等树枝图形，实质上是分支事件过程的解析。

在1961年由Gibson提出的，并在1966年由Haddon完善的"能量转移论"，指出了人体受到伤害，只能是能量转移的结果，从而明确了事故致因的本质是能量逆流于人体。

1969年，J·瑟利提出了S—O—R人因模型，该模型包括两组问题（危险构成和危险显现），每组又分别包括三类心理生理成分，即对事件的感知、刺激（S），对事件的理解、响应和认识（O），生理行为、响应或举动（R）。这是系统理论的人为因素致因模型。

1978年安德森又对上述模型进行了修正。

1972年毕纳（Benner）提出了起因于"扰动"而促成事故的理论，即P理论（Perturbation Occurs），进而提出"多重线性事件过程图解法"。扰动起源论把事故看成是相继发生的事件过程，以破坏自动调节的动态平衡——"扰动"为起源事件，以伤害或损坏而告终（终了事件）。该理论指出了事故发生是由于系统运行中出现了失衡而扰动，并对扰动失控而造成的。在发生事故前改善环境条件，使之自动动态平衡，砍断向事故后果发展的链条，即可防止事故发生。

1972年威格勒沃茨提出了以人失误为主因的事故模型（人因事故模型），主要以人的行为失误构成伤害为基础，指出人如"错误地或不适当地响应刺激"就会发生失误，从而可能导致事故发生。

1974年劳汶斯根据上述理论发展了能适用于自然条件复杂的、连续作业情况下的"矿山以人失误为主因的事故模型"。

1975年约翰逊从管理角度出发提出了管理失误和危险树

（MORT），把事故致因重点放在管理缺陷上，指出造成伤亡事故的本质原因是管理失误。

近二十几年来，许多学者较一致地认为，事故的直接原因不外乎人的不安全行为（或失误）和物的不安全状态（或故障）。即人与物两系列运动轨迹的交叉点就是发生事故的"时空"，"轨迹交叉论"应运而生。

综上所述，到目前为止，各种事故致因理论，主要是专家学者基于因果原理、必然性原理提出的，揭示了事故发生的诸多要素的因果关系。

7.2.2 青蛙效应

在安全领域，有一种潜在的因果演化现象往往不被人注意。例如在通风不良的室内采用煤炉取暖、车间可燃性粉尘浓度长期超标、偷采偷挖矿山保安矿柱等。这些行为突然引发血淋淋的事故，让人们惊诧莫名、不知所以！其实，这里有一个事物由量变到质变的规律，也是因果演化的一种必然趋势。这种现象可以用"青蛙效应"来说明。

"青蛙效应"源自19世纪末，美国康奈尔大学曾进行过一次著名的"青蛙试验"：他们将一只青蛙放在煮沸的大锅里，青蛙触电般地立即窜了出去。后来，人们又把它放在一个装满凉水的大锅里，任其自由游动。然后用小火慢慢加热，青蛙虽然可以感觉到外界温度的变化，却因惰性而没有立即往外跳，直到后来热度难忍失去逃生能力而被煮熟。科学家经过分析认为，这只青蛙第一次之所以能"逃离险境"，是因为它受到了沸水的剧烈刺激，于是便使出全部的力量跳了出来；第二次由于没有明显感觉到刺激，因此便失去了警惕，没有了危机意识，然而当它感觉到危机时，已经没有能力从水里逃出来了。

青蛙效应的启示：

我们的主要威胁，并非来自突如其来的事件，而是由缓慢渐进而无法察觉的过程形成。人们只看到局部，而无法纵观全局，对于突如其来的变化，能够认真积极地面对，对于悄悄发生的变化却无法察觉，最终会带给我们更加严重的危害！人们要时刻具备危机意识，居安思危、防微杜渐。

7.2.3　必然性的案例分析

我们知道，必然性是事物基于因果原理演变的一种必然趋势。一个事故的发生，也必然具有从安全隐患、违章行为等基本事件按照特定的因果关系，一步一步演变为事故的过程，甚至存在事故发生后的事故扩大化、引发次生事故过程。因此，如果我们不能洞悉安全隐患、违章行为等基本事件与事故之间的因果关系，就极有可能引发某种事故。

案 例　致 命 的 木 材

我们一般认为木材既环保又安全，所以都喜欢用原木家具、原木地板，但是，有谁会想到，在特定的环境条件下，木材会变成一个杀手呢？

2008 年，加拿大不列颠哥伦比亚大学的化工研究者 Xingya Kuang 和同事发现，和茅草相比，储藏着木颗粒的集装箱的一氧化碳浓度更高更危险。

一氧化碳无色无味，毒性很强，和血红细胞的亲和度是氧气的 200 倍。不携带氧气的血红细胞最终导致组织缺氧死亡，受害者的肤色呈现邪恶的粉晕。因此，即使环境中有充分的氧气，只要一氧化碳浓度超标（世界卫生组织的建议则是不要超过 9 ppm，即百万分之九），人依旧可能快速死亡。

2006 年 11 月 16 日，一艘注册在香港的货轮 Saga Spray 号上发生了一起木材引发的事故。

Saga Spray 号原本从加拿大温哥华起航，将木颗粒运往瑞典。那天，Saga Spray 号正在瑞典赫尔辛堡港卸载木颗粒。一开始卸载过程很顺利，但是随着好运的货物逐渐上岸，岸上装卸的起重机开始没有办法够到靠后的木材。为了让起重机能够到货物，一位海员和一位搬运工往载有货物的船舱那儿跑。他俩刚开舱门还没有进门就晕倒了。

海员在接触了木材毒气 15 min 后去世。搬运工在接触了毒气 10 min 后被抬离，不过，一氧化碳给他的神经系统造成了重创，让他一辈子只能在轮椅上生活。前去救援的 7 人也受了轻伤。

一开始，大家以为这些人缺氧了。但是到了医院后，医生才判断出是一氧化碳中毒。实际上，舱门在卸货前一天已经通风了 8 h 了，但是这 8 h 显然不够。

根据瑞典海事安全督察局在 2007 年公布的调查报告，出事时船舱内的一氧化碳浓度达到了 5416 ppm，远超世界卫生组织建议的安全水平。而船舱内的氧气含量达到了 15% ~ 20%，并不会让人立刻窒息。

瑞典海事安全督察局表示，实际上类似的事故在航运业层出不穷。2002 年 5 月 10 日荷兰鹿特丹的一艘货船、2003 年在美国卸载木材的 Saga Voyager 号、2005 年 8 月在瑞典卸载用于制造木浆的木材的 EKEN 号、2009 年的 AMIRANTE 号、2014 年的 LADY IRINA 号、2015 年的 CORINA 号上都曾发生过一氧化碳中毒导致的死亡事件。

因为事故频发，国际海事组织（IMO）修改了船上密闭空间作业的指导意见，要求从 2016 年 7 月开始，轮船必须配有大气监测设备，为海员的生命保驾护航。

其实，即使是在陆地上，木材储藏室也暗藏杀机。

2010 年 1 月，一位 43 岁的欧洲工程师在打开木材储藏室时因为一氧化碳中毒去世了。当时他和另外一名工人正要检查储藏室里为居民供暖的 155 t 木材。

2011 年 2 月也发生了类似的案件：一位身怀六甲的瑞士女性在打开一个 82 m^2 的木材储藏室时也因为吸入过量一氧化碳中毒死亡。肇事储藏室在根据瑞士管理条例通风 2 h 后，一氧化碳浓度还有 2000 ppm。

为了看看木材能有多毒，2012 年瑞士苏黎世大学的法医学研究者 Saskia Gauthier 和同事把 30 kg 的新鲜木材放在两个 26 ℃ 的集装箱里 16 天，结果两个集装箱里的一氧化碳浓度都超过了 3100 ppm。这些研究者强调，密闭的木材储藏室隐藏着巨大的安全风险，而在 2004 年前的文献都没有提到这个现象。

木材吸收氧气，释放一氧化碳、甲醛等有毒气体，木材暴露在湿气中一段时间后，还会发酵产生可燃气体，这是木材的基本特性。大量木材堆放，加上密闭的环境，必然导致氧气的逐步消耗和有毒气体的积累。盲目进入这样的场所，发生人员伤亡，就是必然的了。

最危险的木制品就是如图 7-7 所示的木颗粒。木颗粒是锯屑和木屑压缩制成的生物燃料。国际海事组织出版的《国际海运固体散货规则》把木颗粒归为 B 类货物，也就是具有化学危害的货物，因为它们

图 7-7 木颗粒

也会氧化，从空气中夺取氧气，同时释放出一氧化碳。

7.3 偶然性原理

偶然性是指事物发展、变化中可能出现也可能不出现，可以这样发生也可以那样发生的情况。偶然性和事物发展过程的本质没有直接关系，但偶然中有必然，必然性寓于偶然性之中，偶然性是必然性的外在表现形式。

事物既然可能发生，就一定存在某种因果关系，而这种因果关系就是必然性。事物的发生存在多种可能性，就一定存在多种因果关系。

偶然性原理可以表述为，如果事故要发生，事故发生的地点、时间、烈度、对象具有偶然性。每一个具体事故，细究它的发生原因的话，都包含有很多的偶然性。

李某因事外出，借了同事吴某的小汽车使用。因为有事赶时间开

车较快，在路过一个村庄的时候，突然路边窜出来一头猪，吴某向左猛打方向盘躲避，结果撞到路边的一座旧房子上，撞断了自己的胳膊，所幸房子没人居住，没有造成更大伤亡。

这起普通交通事故中，就包含了以下偶然性：李某有事是偶然的，向吴某借车是偶然的，经过村庄没有减速是偶然的，窜出一头猪是偶然的，撞到房子是偶然的，房子里没人住也是偶然的，撞断胳膊是偶然的。

7.3.1 墨菲法则

墨菲法则的适用范围非常广泛，它揭示了人们对偶然性的主观感受。

我们都有一种心理感觉，心想事成的事很少，怕什么来什么的事比较多。

墨菲法则的起因是这样的：事情发生在 1949 年，一位名叫墨菲的空军上尉工程师，认为他的一位同事是个倒霉蛋，不经意地说了一句话：“如果一件事情有可能被弄糟，让他去做就一定会弄糟”。这句笑话在美国迅速流传，并扩散到世界各地，最后演变成有趣的墨菲法则：假定一片干面包掉在地毯上，这片面包的两面均可能着地。但假定一片一面涂有一层果酱的面包掉在地毯上，常常是带有果酱的一面落在地毯上（意思是事情总是朝着麻烦的方向发展）。

墨菲法则的原句已经派生很多版本，例如：

（1）好的开始，未必就有好结果；坏的开始，结果往往会更糟。

（2）你早到了，会议却取消；你准时到，却还要等；迟到，就是迟了。

（3）你携伴出游，越不想让人看见，越会遇见熟人。

（4）东西久久都派不上用场，就可以丢掉；东西一丢掉，往往就必须要用它。

（5）你丢掉了东西时，最先去找的地方，往往也是可能找到的最后一个地方。

（6）你出去买爆米花的时候，银幕上偏偏就出现了精彩镜头。

（7）排队的时候，另一排总是动得比较快；你换到另一排，你原来站的那一排就开始动得比较快了；你站的越久，越有可能是站错了排。

（8）你越是害怕的事物，就越会出现在你的生活中。

（9）关键时刻掉链子。

（10）若想人不知除非己莫为。

（11）你上班经常带的一样东西（U 盘、银行卡、会员卡等），有一天你觉得反正天天带都用不上，就不带了，而实际可能就在你没带它的那一天真的就需要它了。

墨菲法则的启示：

——不能忽视小概率危险事件。由于小概率事件在一次实验或活动中发生的可能性很小，因此，人们就会有一种错觉，认为在一次活动中不会发生。与事实相反，正是由于这种错觉，麻痹了人们的安全意识，加大了事故发生的可能性，其结果是事故可能频繁发生。

纵观无数的大小事故原因，可以得出结论：认为小概率事件不会发生是导致侥幸心理和麻痹大意思想的根本原因。墨菲法则正是从强调小概率事件的重要性的角度，明确指出：虽然危险事件发生的概率很小，但在一次实验（或活动）中，仍可能发生，因此不能忽视，必须高度重视。

——墨菲法则是安全管理过程中的长鸣警钟。安全管理的目标是杜绝事故的发生，而事故是一种不经常发生和不希望有的意外事件，这些意外事件发生的概率一般比较小，就是人们所称的小概率事件。由于这些小概率事件在大多数情况下不发生，所以往往被人们忽视，而这恰恰是事故发生的主要原因。墨菲法则告诫人们，安全意识时刻不能放松。要想保证安全，必须从自身做起，采取积极的预防方法、手段和措施，消除人们不希望有的和意外的事件。

7.3.2 海因里希法则

海因里希法则是1941年美国的海因里希在大量事故统计的基础上高度凝练后提出的。

当时，海因里希统计了 55 万件机械事故，其中死亡、重伤事故 1666 件，轻伤 48334 件，其余则为无伤害事故。从而得出一个重要结论，即在机械事故中，死亡或重伤、轻伤和无伤害事故的比例为 1：29：300，国际上把这一法则叫海因里希法则，如图 7 - 8 所示。

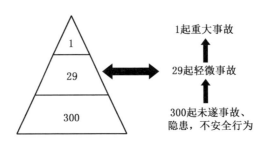

图 7 - 8　海因里希法则

海因里希法则可以表述为：每发生 300 次无人员伤害事故，都会对应发生 29 次轻伤事故和 1 次重伤或死亡事故。

事故三角形原理是基于大量事故统计提出的，充分体现了事故发生的偶然性，这里的"对应"一词很关键。因此，"轻微事故不用管，只要不发生严重事故即可"的想法，是非常不现实的。

对于不同的生产过程，不同类型的事故，上述比例关系不一定完全相同，但这个统计规律说明了在进行同一项活动中，很多次意外事件，必然导致重大伤亡事故的发生。而要防止重大伤亡事故的发生必须减少和消除无伤害事故，重视事故的苗头和未遂事故，否则终会酿成大祸。例如，某机械师企图用手把皮带挂到正在旋转的皮带轮上，因为未使用拨皮带的工作杆，且站在摇晃的梯板上，又穿了一件宽大长袖的工作服，结果被皮带轮绞入碾死。事故调查结果表明，他采用这种方法上皮带已有数年之久。查阅 4 年病历（急救上药记录），发现他有 33 次手臂擦伤后治疗处理记录。他手下工人均佩服他手段高明，结果还是导致死亡。这一事例说明，重伤和死亡事故虽有偶然性，但是不安全因素或动作在事故发生之前已暴露过许多次，如果在事故发生之前抓住时机，及时消除不安全因素，许多重大伤亡事故是完全可以避免的。

分析讨论　必然性与偶然性的关系

安全活动中，必然性与偶然性都有非常充分的体现，但是也存在一些认识不到位的地方，甚至出现一些普遍性的错误认识，阻碍了安全生产水平的提高。

1. 必然性与偶然性关系的哲学表达

必然性与偶然性之间是辩证统一的关系。

第一，必然性决定着事物发展的方向和前途，必然性总是通过大量的偶然性表现出来，没有脱离偶然性的纯粹必然性。我们必须通过科学研究发现必然性，不被偶然现象所迷惑。

第二，偶然性是必然性的表现形式和必要补充，偶然性背后隐藏着必然性并受其制约，没有脱离必然性的纯粹偶然性，所以我们应当抓住偶然提供的机遇，揭示其后隐藏的必然性。

第三，必然性和偶然性可以在一定条件下互相转化，同一现象在此种联系中是必然的东西，在另一种联系中则可能是偶然的东西。

2. 必然性与偶然性关系在安全领域的表现

根据综合性原理，事故的发生是由多种因素共同作用的结果，而各种因素的状态（是否有利于导致事故的发生）一般是不稳定的，比如人的行为、设备的缺陷等，都表现出一定的不稳定性。

就个别事故而言，无一例外，都有很大的偶然性。由于人们不经常遇到事故，对发生在身边的特殊事故，看到的、体会到的往往是偶然出现的某些因素，并对之留下强烈印象。所以，普通的民众对事故的认知往往较大程度地偏向偶然性。于是就出现了某某命不好、某某今天很倒霉、某某命大之类的迷信说法，这是完全不对的。因为这些人只看到了偶然性，而看不到事故背后的必然性，自己解释不了这种偶然性，就归因于命运之类的迷信。

但是，如果一个人办事总是出错，我们就不再认为他命不好，而是说他做事毛糙、不靠谱。我们在一个单位、一个部门反复看到事故，就认为他们的安全管理一定很混乱，因为我们通过多次事故看到了偶然性背后的必然性。

3. 必然性与偶然性关系本质是概率

事故的发生，一般都收到很多因素的影响，比如建筑物坍塌事故，影响因素包括设计、审查、材料、设备、施工、地质、监理、检查、验收、使用等环节，每个环节又涉及许多人和单位，只有多个因素甚至所有因素都出现问题才能导致事故的发生，而每个因素出现问题都是有概率的。根据概率理论，事故的发生概率可用式（7-1）计算：

$$P = \prod_{i=1}^{n} p_i \qquad (7-1)$$

式中　　P——事故发生的概率,％；

　　　　p_i——第 i 个影响因素出现的概率,％；

　　　　n——事故发生需要同时具备的因素数。

由于每个因素出现的概率 p_i 都小于 1，而影响事故发生的因素又比较多，所以事故发生的概率 P 一般都很小。所以说事故都是小概率事件。

小概率事件不是不发生，只是发生的可能性比较小。如果认为违章做事发生事故的概率很小而经常去做，概率就会累积，就很可能导致事故的发生。比如有人常年过马路不走斑马线，都没出过事，养成习惯了，结果有一天可能就突然出事了。

因此，如果单独看一个事故，就感觉偶然性很大；同样，考察一个小单位，比如一个路边杂货店，因为人员很少、面积也不大，就感觉一般不会出事，出事也很偶然。但是扩大考察范围，比如说一个行业、一个城市，统计上来的事故数据，就能够反映总体的安全生产水平，每年发生多少事故、产生多少伤亡的统计数据比较稳定，这就表现为必然性。

综上所述，必然性和偶然性都是事故发生的一种概率反映，微观地看是偶然性，宏观地看就是必然性。

7.4 本质安全原理

在安全活动中，我们经常能够听到本质安全的说法。本质安全是一种安全科学理念，也是一种提升安全水平的工作方法。

传统的本质安全是指通过设计、改造等手段使生产设备或生产系统本身具有安全性，即使在误操作或发生故障的情况下也不会造成事故。具体包括失误—安全（误操作不会导致事故发生或自动阻止误操作）、故障—安全功能（设备、工艺发生故障时还能暂时正常工作或自动转变安全状态）。

本质安全的理念发展到今天，具有了更为广泛的含义。本质安全的定义可以表述为：从本质上具有减少事故发生、抑制事故扩大化的特性。近年来，有人把本质安全的理念扩大化，提出本质安全企业、本质安全人、本质安全管理体系等。应该说，适当地扩大本质安全理念的应用范围，有助于提高安全生产水平，但是不能把本质安全的理念无限扩大。

现在，我们来看几个因为充分的市场竞争而实现本质安全的产品设计案例。

案例1　计算机上的外部接口

电脑是经过充分市场竞争的商品，并且设计受众几乎面向全体人群，因此计算机的设计非常人性化，尤其是外部接口的设计非常符合人机工程学要求，每种接口的形状都不一样（图7-9），保证了只有对的外接设备才能连接计算机，有效避免了错误连接。

案例2　汽车上的安全设施

汽车是另外一种经过充分市场竞争的商品，并且设计受众面也很广泛，因此汽车的设计也非常人性化，如汽车上的安全气囊（图7-

图 7 - 9　计算机上的外部接口

10)、前挡风玻璃（图 7 - 11）、雷达（图 7 - 12）等，大大提升了汽车的安全性。

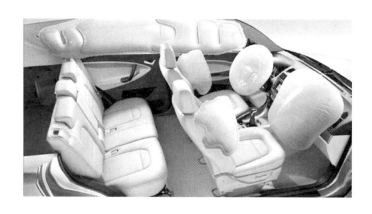

图 7 - 10　汽车的安全气囊

图 7 - 11　汽车的前挡风玻璃

图 7 - 12　汽车的雷达

案例 3　炸　药　的　演　变

炸药源于我国。至迟在唐代，我国已发明火药（黑色炸药），这是世界上最早的炸药。宋代，黑色炸药已被用于战争，它需要明火点燃，爆炸效力也不大。1831 年，英国人比克福德发明了安全导火索，为炸药的应用创造了方便。威力较大的黄色炸药源于瑞典。由瑞典化学家、工程师和实业家诺贝尔发明。1846 年，意大利人索布

73

雷罗合成硝化甘油，这是一种爆炸力很强的液体炸药，但使用极不安全。

19世纪60年代，诺贝尔在法国继续进行硝化甘油的研究。诺贝尔父子用"温热法"降服了硝化甘油，于1862年建厂生产。但炸药投产不久，工厂发生爆炸事故，父亲受了重伤，弟弟被炸死。政府禁止重建这座工厂，并禁止在陆地上进行试验。

诺贝尔为寻求减少搬动硝化甘油时发生危险的方法，只好租了一条驳船，在马拉伦湖上建起了新的实验室。一次试验中，一只装有硝化甘油玻璃瓶破碎，流出的硝化甘油被瓶底下用来减少震动的惰性粉末硅土吸收。诺贝尔意外地发现，硝化甘油与硅土混合物不仅使炸药威力不减，而且生产、使用和搬运更加安全。后来，他用木浆代替了硅土，制成了安全的烈性炸药——达纳炸药。

案例4 重液式低地位水位表

锅炉的水位表（液位计）是用来显示锅筒（锅壳）内水位高低的仪表。运行操作人员可以通过水位表观察并相应调节水位，防止发生锅炉缺水或满水事故，进而避免由水位不正常造成的受热面损坏及其他事故，保证锅炉安全运行。

水位表是按照连通器内液位高度相等的原理装设的。水位表的水连管和汽连管分别与锅筒的水空间和汽空间相连，水位表和锅筒构成连通器，水位表显示的水位即是锅筒内的水位。

大型锅炉的锅筒一般位置较高，水位表的观测需要管理人员反复上下攀爬扶梯，很不安全。为了保护观测人员的安全，通过一个水位转换器和一个差压计的组合，在地面附近设置一个低地位水位表，和锅筒外的高地位水位表同步显示锅筒内的水位，从而避免了观测人员频繁上下楼梯可能产生的伤害。重液式低地位水位表的工作原理如图7-13所示。

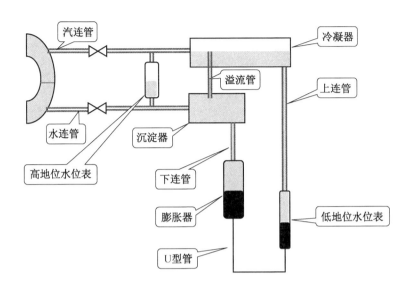

图 7 - 13   重液式低地位水位表原理图

📖 思考题

1. 发生重大事故后, 处理领导合不合理?

2. 如何抓好大型企业、行业、地区的宏观安全?

3. 发生重大事故后, 安全生产管理部门开展行业性停产整顿, 对不对?

4. 有人说, 安全管理体系就是为了预防事故发生, 且有利于减少事故的发生及事故后果的, 就没有必要再冠以本质安全的名头了。你同意这种观点吗? 为什么?

8 经 济 性 原 理

安全活动作为生产经营活动的一项重要内容，具有明显的经济性特征，有安全成本（事故造成的经济损失、安全投入），也有安全效益（也称安全收益、安全产出）。正确地理解和掌握安全经济原理，有助于我们制定更合理的安全策略。

8.1 安全成本的构成

安全成本是指单位或企业在安全上的经济支出，包括预防事故发生的预防费用和造成经济损失的事故费用。事故费用是预防费用的减函数，对于不同的安全等级，预防费用和事故费用相差的程度不同。预防费用、事故费用和安全成本随安全等级的变化情况如图 8 - 1 所示。

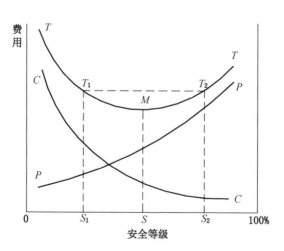

P—预防费用；C—事故费用；T—安全成本；M—最小费用

图 8 - 1 安全成本的构成

从图 8-1 可知：我们追求的安全等级越高，预防费用会越来越高，而事故费用则逐步下降。预防费用和事故费用都是与安全有关的费用，也都是需要由企业承担的费用。必须指出的是，预防费用和事故费用叠加形成的安全成本有一个最低点 M，点 M 对应的安全等级 S 就是单纯经济意义上的合理安全等级。

8.2 冰山模型

每当事故发生以后，总是需要评估事故造成的经济损失，事故的经济损失包括直接经济损失和间接经济损失。但是我们从事故报道中往往只能看到直接经济损失的数值。比如这样的报道：某高层公寓起火，大火导致 58 人遇难，另有 70 余人接受治疗，事故造成直接经济损失 1.58 亿元。

为什么不报道间接经济损失呢？先来看一下两个基本概念。

直接经济损失：指因事故造成人身伤亡及善后处理支出的费用和毁坏财产的价值。包括人身伤亡所支出的费用、善后处理费用以及财产损失费用。

间接经济损失：指与事故事件间接相联系的、能用货币直接估价的损失，包括停产、减产损失价值，工作损失价值，资源损失价值，处理环境污染的费用，补充新职工的培训费用以及其他损失费用。

根据直接经济损失和间接经济损失的概念，我们知道，直接经济损失一般能在事故调查处理完毕后很快计算出来，也能够计算准确；而间接经济损失的计算需要的时间长，且也不容易计算准确。所以事故报道一般只报道直接经济损失。

其实，间接经济损失有一种简便的估算方法：海因里希方法。海因里希把一起事故的损失划分为两类：由生产公司申请、保险公司支付的金额划为"直接损失"，把除此以外的财产损失和因停工使公司受到的损失划为"间接损失"，并对一些事故的损失情况进行了调查研究，得出直接损失与间接损失的比例为 1：4（不同的研究对象其直间比可能有所不同）。由此说明，事故造成的间接损失比直接损失要高得多。著名的冰山模型可以将海因里希方法计算的直间比关系形象地表达出来，如图8-2所示。

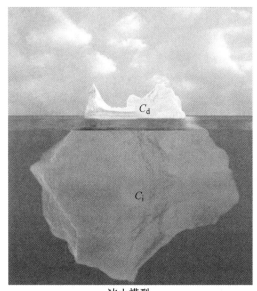

冰山模型

C_d—直接费用；C_i—间接费用

图8-2　冰山模型

根据这种理论，事故的总损失可用直间比的规律来进行估算。先计算出事故直接损失，再按1：4（或其他比值）的规律，以5倍（或其他的倍数）的直接损失数量作为事故总损失的估算值。

依据冰山模型，由于人们只能看到事故的直接经济损失，而看不到背后巨大的间接经济损失，因此会严重低估事故的危害。

8.3　安全产出模型

从经济学的观点看，效益是价值的实现。安全效益是指安全水平的实现，对社会、对国家、对集体、对个人所产生的效益。

安全经济效益是安全效益的重要组成部分。安全经济效益是指通过安全投资实现的安全条件，在生产和生活过程中保障技术、环境及人员的能力和功能，并提高其潜能，为社会经济发展所带来的利益。安全经济效益从安全投资的效果来看，可分为直接经济效益和间接经济效益。安全的直接经济效益，指企业等社会组织采取安全措施所获得的经济效益，主要表现为事故经济损失的降低；安全的间接经济效益，是指通过安全的投资，使技术的功能或生产能力得以保障和维护，从而使生产的总值或利润达到应有量的增加部分。安全的间接经济效益是安全经济效益的重要组成部分，但较难考察，应对其评价探讨提供科学的理论和方法。

安全的非经济效益也叫安全的社会效益，它是指安全条件的实现，对国家和社会的发展、企业或集体生产的稳定、家庭或个人的幸福所起的积极作用。安全的非经济效益是通过减少人员的伤害、环境的污染和危害来体现的。

安全产出分为减损产出、增值产出两部分。

安全产出(B) = 减损产出(B_1) + 增值产出(B_2)。

1. 安全的减损产出

安全的减损产出：

$$B_1 = \sum \text{损失减少增量}$$

$$= \sum [\text{前期（安全措施前）损失} - \text{后期（安全措施后）损失}]$$

损失项目包括伤亡损失、职业病损失、事故的财产损失、危害事件的经济消耗损失。所以有：

$$\text{安全减损产出} = K_1 J_1 + K_2 J_2 + K_3 J_3 + K_4 J_4 = \sum K_j J_j \quad (8-1)$$

式中　J_1——计算期内伤亡直接损失减少量，J_1 = 死亡减少量 + 受伤减少量，价值量；

J_2——计算期内职业病直接损失减少量，价值量；

J_3——计算期内事故财产直接损失减少量，价值量；

J_4——计算期内危害事件直接损失减少量，（价值量）；

K_j——j 种损失的间接损失与直接损失比例倍数。

2. 安全的增值产出

安全的增值产出 B_2 是安全对生产产值的贡献，目前对安全的这一经济作用在定量方面的探讨还较少，尚未有统一的计算理论和方法。在此仅介绍一种估算方法，即安全生产贡献率法，该方法认为：

$$B_2 = 安全的生产贡献率 \times 生产总值 \qquad (8-2)$$

可以看出，要求出 B_2，必先求出安全的生产贡献率。所以，一个关键的技术问题是"安全的生产贡献率"的确定。下面介绍一种确定安全的生产贡献率的方法。

根据投资比重来确定贡献率，称作"投资比重法"。如将安全投资占生产投资的比重或安措经费占更新改造费的比例看作占用比重指数，并将其作为安全增值的贡献率系数取值的依据。例如生产投资对应有生产的产值，可根据安全投资占生产投资的比重，从生产产值中近似划出安全的增值产出。这种方法计算比较简单，但由于安全效益的后效性、长效性等影响，不能准确反映真实的安全的生产贡献率，因此只能作为参考。或在此基础上进行适当的放大，以能更准确地反映安全的贡献。

安全经济学的研究成果表明，安全的减损产出（减少人员伤亡、职业病负担、事故经济损失、环境危害等），一般占国民生产总值（GNP）的 2.5%；而安全的增值效益，即通过安全对生产的"贡献率"来评价，一般可达到 GNP 的 2% ~ 5%。通常安全的投入产出比可达到 1 : 6。

8.4　违章成本—收益模型

为了有效地预防事故，提高企业的安全水平，必须对事故进行一些经济分析。事故，尤其是"侥幸心理"作用下产生的事故，实际上可以看作是在不良（扭曲）的价值观支配下，违章人员通过一定的"分析研究"和"决策"后而实施的一种理性不安全行为。事故当事人有自己的"成本"和"收益"观，之所以冒风险进行违犯安全（规章）的活动，是因为"预期"的收益大于成本，违章行为对其而言是一种"有利可图"的高"效益"行为。

1. 违章的收益

违章人员可从违章中得到很多"好处"，或称为"效用"。如：偷工减料、降低安全水平可保持一定的经济收入；违章指挥、减少培训可降低成本；违章作业被某些人推崇为"艺高人胆大"，违章人员可获得精神上的满足；违章减轻劳动强度，缩短劳动时间等，可使违章人员在身体上、心理上得到一定程度的满足等。后两类心理效用可用一定的货币进行度量。

2. 违章的成本

违章的成本包括 3 个方面：

（1）实施成本。是指违章人员实施违章活动所产生的直接成本，包括违章时的心理压力、时间流逝等，如各种警告牌、事故后果宣传等就可增加违章的实施成本。

（2）实施违章的机会成本。指违章人员如果把其用于违章的时间、精力投入到其他安全生产活动可能产生的纯收益。

（3）惩罚成本。指违章人员违章或产生事故所形成的成本。主要有：①丧失生命或受伤的成本；②罚金，如违章罚款、赔偿他人损失款项等；③停工成本，即由于违章暂停工作所产生的成本；④通过限制其某种权利使之承担一定的经济损失，如不准从事某种职业，开除公职、吊销司机的执照等；⑤其他各种惩罚措施产生的成本，如失去晋级升迁机会等的精神损失、名誉损失等。

3. 违章的决策

对于违章人员来说，上述收益与成本都具有不确定性，其在实施违章活动时，进行着自己的"效益评估"或"可行性研究"。一般而言，违章人员只在"预期总收益"大于"预期总成本"时，才会"决定"实施违章。即

$$ENR = ETR - ETC \tag{8-3}$$

式中　ENR——预期违章净收益；

　　　ETR——预期总收益；

ETC——预期总成本。

预期总收益是违章者在违章中所获得的总效用。从理论角度讲，一般预期收益越小，违章现象就越少。违章者如果觉得"不值得"，就说明预期收益小于预期成本，从事违章"划不来""不合算"。但是违章者一般都是自己选择并实施违章行动，并尽可能认为预期的收益最大。故保持安全、防范事故的重点：一是通过教育、培训、宣传、提高收入等方式减少违章的总收益，二是加大违章成本。对违章的实施成本，无论违章活动的最终结果如何，一旦违章行为发生，将成为是确定的、实际发生的成本。此外，违章也对应着机会成本。在上述成本中，只有惩罚成本具有不确定性，即如果违章没有造成严重事故，且没有被抓住，则此成本为零，如果产生事故（"安全"产品受损）或被抓住，那成本就是一个确实的值或近似确定的值。事实上，也正是惩罚成本构成了违章成本的主体和主要内容。显然，预期的惩罚成本是一个概率问题（对违章者而言是风险问题），即预期违章成本 $E(C)$

$$E(C) = IC + OC + PC \times p \qquad (8-4)$$

式中　IC——违章实施成本；

　　　OC——违章机会成本；

　　　PC——惩罚成本；

　　　p——惩处率。

显而易见，如果预期违章收益一定，预期违章成本越大，违章越"不合算"，违章将减少。极端的情况是，预期违章成本无穷大，如果违章肯定有生命危险或将全部被抓住并受到严厉惩处，则不会再有违章行为，"安全"产品会达到供需均衡。在惩处率一定时，惩罚成本越大，越能有效地制止违章。而在惩罚成本一定时，惩处率越高则违章预期成本越高，违章收益越低，违章行为将越少。所以提高惩处率和加大惩罚成本是保证"安全"产品"供需平衡"的关键因素。

根据式（8-3）、式（8-4），可以得出以下结论：

（1）在违章的预期总收益固定不变的情况下，如果预期总成本上升，则预期净收益下降。

（2）如果违章的总成本非常大，则预期净收益非常小。

（3）如果违章的惩处率固定不变，且惩罚成本上升，则预期总成本上升，预期净收益下降。

📖 **思考题**

波音 737MAX 停飞事件的损失有哪些？经济损失有多大？

9 热 炉 效 应

热炉效应，也称热炉法则，是指组织中任何人触犯规章制度都要受到处罚。它由触摸热炉与实行惩罚之间有许多相似之处而得名。

9.1 热炉效应的基本含义

1. 热炉效应的惩处原则

"热炉效应"概括起来包含4条惩处原则：

图9-1 热炉

（1）警告性原则——热炉火红（图9-1），不用手去摸也知道炉子是热的，是会灼伤人的。

（2）一致性原则——当你碰到热炉时，肯定会被火灼伤。也就是说，只要触犯规章制度，就一定会受到惩处。

（3）即时性原则——当你碰到热炉时，立即就被灼伤。惩处必须在错误行为发生后立即进行，决不能拖泥带水，决不能有时间差，以便达到及时改正错误行为的目的。

（4）公平性原则——不管是谁碰到热炉，都会被灼伤。

热炉效应来源于管理学，表明规章制度是碰不得的。热炉效应应用于安全领域，表明安全规章制度也是碰不得的。

2. 热炉效应文化渊源

其实，热炉效应在我国有很深的传统文化渊源。

有言诸葛丞相惜赦者。亮答曰:"治世以大德,不以小惠。故匡衡、吴汉不愿为赦。先帝亦言:'吾周旋陈元方、郑康成间,每见启告,治乱之道悉矣,曾不及赦也。'若刘景升父子岁岁赦宥,何益于治乎?"及费祎为政,始事姑息,蜀遂以削。(冯梦龙《智囊全集》)

子产谓子太叔曰:"惟有德者,能以宽服民;其次莫如猛。夫火烈,民望而畏之,故鲜死焉;水懦弱,民狎而玩之,则多死焉。故宽难。"太叔为政,不忍猛而宽。于是郑国多盗,太叔悔之。(冯梦龙《智囊全集》)

"世不患无法,而患无必行之法"。需要健全完善包括法规在内的制度架构,但执行制度弹性太大,起不到应有的作用,再多的制度也会流于形式。制度之要,在于务实管用;制度之威,在于落实与执行。制定一百条制度,不如将一条好的制度执行到位。而不按制度办事,比没有好的制度更加有害。

古语云,官法如炉:制度就像火炉,如果火炉烧得通红,大家都知道会烫伤人,必然心存畏惧,不敢触碰;若有违犯触碰者,必然会被烫伤。这一法则体现了制度约束的警示性、一致性、即时性、公平性原则。

3. 热炉效应引入安全领域的意义

当前的安全执法,下不为例、执法不严,大事化小小事化了,找人说情不了了之等现象较为普遍。

没事的时候,大家心平气和,都认为要严格执法,不能搞下不为例。但是真出了事故,需要严格执行安全法律法规处理责任人的时候,大部分人又会动恻隐之心,下不去手。几千年历史形成的人情社会,使得严格执法者也处处受到掣肘。

热炉效应引入安全领域的意义有4点:

(1) 安全执法不严后果很严重。安全执法不严会引起更多的违规违章,产生更多的隐患,引发更多的安全事故。

(2) 严格安全执法是提高安全生产水平的必由之路。

(3) 严格安全执法确实很有效。在某些领域的严格执法已经产生了很好的效果，比如酒驾的查处。

（4）杀一儆百效果不大。没有全面严格安全执法的氛围，依靠对个别重大安全事故的严肃处理，想起到"杀一儆百"的效果，历史证明行不通。

9.2　破窗效应

破窗效应从反面说明了为什么要严格安全执法。

1. 破窗效应的含义

破窗效应是犯罪学的一个理论，该理论由詹姆士·威尔逊（James Q. Wilson）及乔治·凯林（George L. Kelling）提出。此理论认为环境中的不良现象如果被放任存在，会诱使人们仿效，甚至变本加厉。

以一幢有少许破窗的建筑为例，如果那些窗不被修理好，可能将会有破坏者破坏更多的窗户（图9-2）。最终他们甚至会闯入建筑内。如果发现无人居住，也许就在那里定居或者纵火。一面墙，如果出现一些涂鸦没有被清洗掉，很快的，墙上就会布满乱七八糟、不堪入目的东西；一条人行道有些许纸屑，不久后就会有更多垃圾，最终

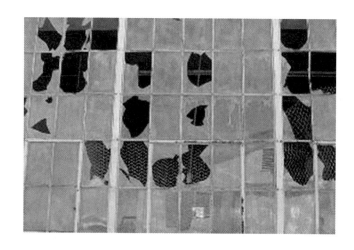

图9-2　破窗示意图

人们会理所当然地将垃圾顺手丢弃在地上。这些现象，就是犯罪心理学中的破窗效应。

因此破窗理论强调，着力打击轻微罪行有助于减少更严重的罪案，应该以"零容忍"的态度面对罪案。

2. 破窗效应的启示

1）"第一扇破窗"是事情恶化的起点

这一现象在我们日常生活中常常可以见到。比如，你分别到两位朋友家做客。朋友甲的家里窗明几净，地板上一尘不染。如果他忘了给你准备烟灰缸，你一定会在点烟之前请他帮你找一个烟灰缸，而决不忍心让烟灰落在光亮的地板上。而朋友乙的家里是随处可见的尘土和纸屑。估计此时你也懒得要朋友给你找烟灰缸了，而是任由烟灰飞散，或是直接把烟蒂扔到地上。

2）事情的发展离不开后面那一双双推波助澜的手

面对第一扇破窗，我们常常自我暗示：窗是可以被打破的，没有惩罚。这样想着，不知不觉，我们就成了第二双手、第三双手……去市场买瓜子，抓了几个尝尝，瓜子皮你放哪儿了？是不是看到地上已有一片瓜子皮了，就将自己磕的皮也扔地上了？大热天走在街上，买根雪糕，半天没有找到垃圾筒，你会将包装纸放在哪儿？是不是找个有垃圾的角落悄悄地扔掉了？路上的噪音、墙上的笔迹、地上的痰迹就这样越来越多，我们离优雅、文明、公德就这样越来越远。

3）第一扇破窗得不到及时修理会导致问题复杂化

有人打破了第一扇窗，及时修理好了，就不会发生破窗效应。如果第一扇破窗得不到及时修理，等到引发了破窗效应，导致满目破窗，再想追查责任就难了（时间跨度长，涉及人员多，不好查），且查清了也不好处理（法不责众）。要想修理窗户，成本也高了许多。

综上所述，安全执法不仅要严，坚决不搞下不为例，而且要快。

9.3　赏罚理论

赏罚是管理上的一种方法和手段，应用特别广泛。根据现代的激励理论，奖赏符合管理目标的行为，可以起到鼓励、引导、固化好的行为，惩罚可以起到诫勉、遏止、警醒坏的行为。

赏罚作为基本的管理手段，具有直接、简单、有效的特点，因此赏罚管理随处可见，甚至出现以罚代管的现象。

赏罚管理作为一种管理方法，虽然有其科学的一面，但是运用不好也很难取得实效，甚至产生负效应。除了要公平公正以外，还应注意以下几个问题。

1. 赏罚公平而不拘泥外观表现

赏罚必须公平，不拘泥是为了更好地实现公平。古人云：有心为善，虽善不赏。无心为恶，虽恶不罚。这句话的意思是有心故意去做好事，表现给人看，虽然是好事也不应该奖赏；反之，如果无心做坏事，虽然错了，也不应该惩罚。

拾金不昧是善念善行，但是小学生从家里拿一块钱交给老师，说是捡来的，老师表扬他拾金不昧，就鼓励了学生投机取巧的行为和心理，从育人的角度看，后患很大。热心慈善是善念善行，但是若在做慈善的时候有意搞怪吸引眼球，就不值得提倡。

这是有心为善，无心为恶呢？司机开车超速、闯红灯是违章，应该给予处罚。但是有的司机一贯遵纪守法，因为标线模糊、抢救病人、躲避行人等原因偶尔违章，这属于无心之失，就应该以警戒教育为主。如果不管什么原因一律给予扣分罚款之类的处分，甚至吊销驾驶执照，必然会挫伤司机的积极性，执法人员执法时也必然顾虑重重。这反而损害了赏罚的公平。

2. 赏罚及时而不能拖延

古人云：赏不逾时，罚不后事。过时而赏，与无赏同；后事而罚，与不罚同。意思是过时的奖赏等于没有奖赏，过时的惩罚等于没有惩罚，起不到劝善惩恶的作用，赏罚及时才能起到应有的作用。

赏罚及时，才会令人们印象深刻，教育意义才大。若等到时过境迁或到了年底，很多事情的赏罚一并公布，人们都忘了怎么回事，注意力分散，赏罚的意义必然大减。另外，秋后算账的做法，有可能变成有功不赏、有过不罚、功过相抵的结果，也有可能出现几个好事合并奖励、几个坏事合并处罚，而导致赏罚模糊，达不到赏罚的目的。

3. 赏罚要重点突出

年终总结表彰，技术能手、道德楷模、巾帼标兵、先进工会、特殊贡献、精神文明等各种名称林林总总，人人有份，皆大欢喜。但是先进的感召意义何在？这样的情况很普遍：奖金发下来，团队带头人负责分配，领导有方要考虑，部门支持要考虑，同事努力要考虑，分来分去，僧多粥少，最后只落得清汤寡水，有时清汤寡水也分不过来，只好一起吃顿饭了事。

4. 赏罚要以精神激励为主

现代激励理论和大量历史经验说明，精神激励更能激发人的积极性、主动性和创造性，有效而持久。而物质激励则具有立竿见影但是作用时间短的特点。

综上所述，不能认为规章制度健全了，只要严格执行就万事大吉了。不管什么工作，必须要用心，而且心要正，才能取得实效。

📖 **思考题**

结合某一单位、行业或者区域的安全执法现状，分析安全执法与安全生产水平的关系。

10 教 育 原 理

大量事故统计表明，人的不安全行为是绝大部分事故发生的根本原因，而安全知识、安全技能、安全意识的缺乏会直接导致人的不安全行为。我国历来有"不知者不为罪"的文化氛围，因此，必须要坚持安全的正面教育，且要以安全教育效果为导向。

10.1 安全教育的重要意义

1. 安全生产形势严峻

近年来，我国安全生产形势总体上大幅好转，但是全国安全生产形势依然复杂严峻。要想改变安全生产形势严峻的现状，就必须认真分析安全生产形势严峻的根本原因。这个问题十分复杂，涉及政治经济体制、国内外形势、宏观安全管理模式、法律法规、国民素质等很多因素，许多专家、学者对这个问题进行了探讨，提出了各种观点。

根据因果原理，分析安全形势问题的根源，推理过程如图 10-1 所示。

从图 10-1 可以看出，从管理、制度等各方面进行分析，都能得出一个共同的结论：我国安全生产形势严峻的根本原因是安全教育不到位！

广大职工没有建立正确的安全意识、没有建立科学的安全理念、没有掌握必要的安全技能，在行为上表现为不知道、不会做、不愿做。

安全教育在安全活动领域充担着十分重要的角色。安全教育工作是确保安全生产，强化企业安全管理的金钥匙，是启发、引导和规范职工遵章守纪的关键。今天安全生产、经济效益的提高，是昨天安全

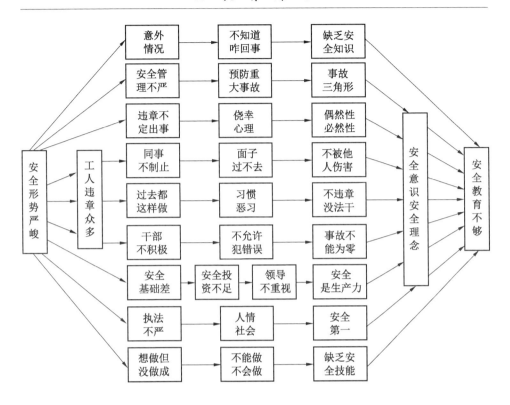

图 10 - 1　安全生产形势因果关系图

教育的结果，明天的安全生产，是今天安全教育的结果。

2. 安全知识亟须普及

安全问题普遍存在于我们的生活之中，根据安全的相对性原理，任何人、任何时间、任何地点、任何单位都存在或多或少的风险，而化解风险，就离不开掌握安全知识、安全技能。遗憾的是，生活中有太多的安全知识我们不知道，需要尽快普及，至少需要相关人员掌握。

阅读材料　旋转门背后的安全知识

旋转门常见于超级市场、办公楼、饭店、机场、商业大厦等出入口系统，既能营造出宽敞和高格调的设计豪华的气氛，还能有效防止气流将噪音、不良气味、灰尘等带进建筑物内，如图10-2所示。但是，设计旋转门的意图绝不这么简单，旋转门的背后含有更深的安全考虑。

图 10-2　旋转门

1. 旋转门的原理

旋转门要么是三叶，要么是四叶组成，然后伴有一个很长的圆弧，圆弧的周长正好等于叶片夹角形成的周长，如图10-3所示。所以无论叶片怎么旋转，它都可以让室内保持密闭。

2. 旋转门的作用

首先，旋转门可以有效阻挡外面的空气进入房间。旋转门通过阻挡室内冷气或暖气的流失，可以有效减少大厦的用电量，节省电量远超一般人的想象。2006年，麻省理工学院的一个研究小组对一栋大楼的研究结果表明，单次通过平开门流入或流出建筑物的空气是通过旋转门的8倍。当然，加热或者冷却进入建筑的空气所消耗的能量是随季节变化的。但是，如果一年中所有人都使用旋转门进出，与人的

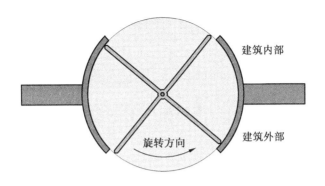

图 10-3 旋转门原理

实际使用（实际统计到的旋转门使用率为23%）旋转门情况作比较，它可以节省80000 kW·h的电量，也就是8万度电，大约占大厦总用电量的1.5%，大约相当于减少14.6 t二氧化碳的排放。

其次，缓解建筑物中的烟囱效应。如图10-4所示，高层建筑会因为建筑物内外空气密度的差异，产生自然风压，形成自然通风。自然通风的形成原因很简单，冬天在暖气的作用下室内的温度更高，意味着它的空气密度更小，所以空气会从室外流向温度高的室内。换成夏天的时候，也是一样的，门一打开，外面的暖空气会挤进来。当大厦内发生火灾的时候，由于火灾烟气温度很高，形成的自然风压很高，自然通风的风量也很大，火借风势、风借火威，火会迅速向上蔓延。这就是烟囱效应。而旋转门可以有效阻止烟囱效应的发生，因为它会阻止空气流动。

第三，两边加设平开门作为紧急疏散

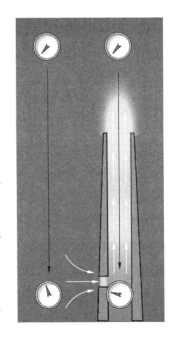

图 10-4 烟囱效应

通道。大厦如果只有旋转门，人员的进出可能不是特别方便或者有人不太习惯走这种门，特别是在火灾等特殊情况下需要紧急疏散的时候，旋转门因为通行能力有限，可能导致通道堵塞，造成事故的扩大化。1942年的某天，波士顿一家非常受欢迎的夜总会发生了火灾，由于旋转门被卡住而边上没有平开门，492人因此吸入过量浓烟而丧生。从1943年开始，旋转门两边就有了平开门，而且许多地区都是法律规定旋转门边上必须要装平开门。

综上所述，旋转门的作用是为了节能、减缓火灾时的烟囱效应，而平开门则作为特殊情况下的紧急疏散通道。因此，有些地方为了提升旋转门的使用率，把侧边的平开门隐藏起来，或者把两边的平开门锁起来，这都是不对的。

10.2　安全教育的主要内容

安全教育是安全管理的一项重要工作，其目的是提高人员的安全意识，增强人员的安全操作技能和安全管理水平，最大程度减少人身伤害事故的发生。

安全教育主要包括以下几个方面的内容。

1. 非正常情况下的应急知识技能教育

所谓的非正常情况，主要是指威胁到正常生产、生活和公共秩序、如果处理失当就会造成事故发生或扩大的突发事件，如设备设施故障、建筑物坍塌、突遇危险，以及地震、海啸、飓风、暴雨、泥石流等。这些方面的安全知识教育、应急技能培训、应急演练等活动，不仅能有效减少人员伤亡和财产损失，而且有助于提高全员的安全防范意识。

2. 全员的日常安全教育

安全意识教育，旨在提高干部、职工的安全意识、自我保护意识，让其端正态度，实现安全"要我做"向"我要做"的转化，牢固树立"安全第一"思想；安全法律法规教育，旨在增强职工法制观念，让其理解掌握与安全相关的法律、法规、标准、规范等，并认真贯彻执行，遵章守纪；安全技术知识教育，包括安全技术、劳动卫生技术和专业安全技术操作规程，旨在使职工懂得预防事故和职业危害的科学技术知识，让职工不仅树立"我要做"的思想，而且要有"我会做"的行动；典型经验和事故教训教育，职工学习先进的典型经验既可使职工受到教育和启发，又可结合企业实际找出差距，进一步提高工作成效，对事故案例进行解剖，总结教训、改进工作，有利于预防发生类例事故。

3. 安全管理人员的安全素养教育

安全管理人员主要是指中层和基层管理部门的领导及其干部，他们在安全管理中的作用极为重要。他们的安全管理态度、职业素养以及安全管理能力，对一个单位的生产、生活安全起决定性作用。对他们进行安全教育，重点要放在综合安全素养上。

安全管理人员的职责也要求其要具备更高的综合安全素养。他们不仅需要掌握系的安全科学理论知识、熟悉生产工艺、了解主要设备性能、能够进行危险源辨识和隐患排查、制定安全生产文件等，还要具备事故调查分析的能力和严格执法的责任感，以及策划安全活动的创新思维和组织能力。

4. 高层管理人员的安全知识、安全基本规律教育

很多责任事故，往往是因为高层管理人员缺乏安全知识而瞎指挥或不作为，做出一些违背安全科学基本规律的决策。

安全科学作为一级学科出现的比较晚，2011 年 2 月安全科学与工程才获批一级学科。之前的安全，一般都是各行业的生产技术人员在管理，他们一般都没有经历过系统的安全科学教育，对安全科学规律掌握不到位有其历史原因。而这些高层管理人员，一般都具有长期的管理、生产经验，他们往往自认为熟悉现场生产，加上工作特别繁忙，在工作压力比较大的情况下可能会草率拍板。

因此，对高层管理人员进行安全教育非常重要。对高层管理人员的安全教育重点应该放在安全科学的基本知识、基本规律上，避免其作出违背安全科学基本规律的决策。

10.3 安全教育的效果

可能有人质疑安全教育的有效性，理由是安全教育很普遍，并没有见到什么效果。这主要是因为我们的安全教育内容不够系统、不够深入，教育过程不够精彩、不够吸引人，教育考核不够严格、过于宽松。下述两个案例说明，认真开展安全教育培训，可以有效避免事故的发生，或者大大减轻事故后果。

案例 1   7 岁女童智救父母

2005 年 11 月，经过一个多月的公众投票，由公安部和中央电视台联合推出的"中国骄傲"评选正式揭晓，从火海中连救 11 人的吉林市民胡茂东、智救煤气中毒父母的女孩袁媛等六个团体和个人当选"中国骄傲"。

图 10-5 中国骄傲——袁媛

来自深圳的小女孩袁媛（图 10-5）只有 7 岁，而能获得"中国骄傲"奖项，引起社会广泛关注。在全国网上投票中，她的票数超过了其他参选的成年人，位居第一。为什么呢？

2004 年 11 月 16 日晚，7 岁的袁媛像平时一样写作业，袁媛的妈妈搀扶着丈夫进了浴室，打开热水器烧水为丈夫换药。袁媛的父亲在工作时不慎脚部受伤，每天需要换药、泡脚。由于天气寒冷，他们关闭了门窗。

大约晚上 9 时，袁媛写完作业出来找妈妈，连喊几声都没听见应答。她来到浴室门口，听见里面传出"哗哗"的流水声，同时闻到一股煤气味。她赶快用力推开门，只见父母已双双昏倒在浴室地上，浴室里煤气还在蔓延。

面对此景，袁媛没有慌乱。袁媛想起课堂上所学的紧急自救知识，紧急关头，她用力打开浴室门，按照老师教授的办法，首先迅速关上液化气罐阀门，用衣架捅开窗户。由于现场残存有煤气，她担心打电话可能引起爆炸或者火灾，于是拿起爸爸的手机跑到外面拨打110、120，准确报出位置。之后，她还打通了几名亲戚的电话求救。

接到警情，民警3 min 内赶到现场。紧接着，医院救护车也赶到了。经全力抢救，当晚12时，袁媛的爸爸终于苏醒过来了。第二天凌晨2时多，袁媛的妈妈也从死亡线上被拉了回来。医生告诉袁媛家的亲戚："真悬啊！再晚20 min，这对夫妻肯定没救了。"

一个7岁的小女孩，仅仅在学校学习过煤气中毒的应急办法，先关煤气、打开窗户、再打电话，就救了父母的命，保住了一个家庭的幸福！

案例2 "9·11"事件中的英雄

2001年9月11日上午（美国东部时间），美国遭遇迄今为止人类历史上最为惨重的恐怖袭击（图10-6）。两架被恐怖分子劫持的民航客机撞向纽约世界贸易中心双塔，另一组劫机者迫使第三架民航客机撞入华盛顿五角大楼。事件导致2996人（包括343名消防员）不幸遇难及19名劫机者死亡！造成的经济损失达2000亿美元。

"9·11"事件过去了20年，但是很多人对"9·11"事件仍然记忆犹新。在这场令人震惊的恐袭事件中，美国的标志性建筑世贸大厦轰然倒塌，成为美国人心中永远的伤痛。

其实，早就有人预料到了这件事，在"9·11"事件发生之前，而且还是在13年前。他的名字叫瑞克·瑞思考勒（Rick Rescorla）。可惜的是，他的预言不但没能阻止这件事的发生，而且自己也付出了

图 10 -6   美国 "9·11" 事件

宝贵生命。

　　瑞克（图 10 -7）是英国人，出生于 1939 年。18 岁时，他抱着
对军旅生涯的向往，加入了英国军队。从英国陆军伞兵团退役之后，
成为一名警察。1963 年，一直不太安分的瑞克，抱着对军队生活的
热爱，再次参了军，不过，这次瑞克参加的是美国军队，跟随美军第
一骑兵师进入了越南战场。当时越战刚刚开打，他得以参加了美军和
越南军队的第一次交锋德浪河谷战役，并且因为良好的表现，获得了

四枚勋章。

46 岁时，他已经上了年纪，瑞克还是离开了他喜欢的部队，为了养家糊口，他找了个适合自己的保安工作。

瑞克做保安 3 年后，1988 年 12 月，两个利比亚的恐怖分子，劫持了一架从德国法兰克福飞往美国底特律的飞机，当飞机行驶到英国洛克比时，突然发生爆炸。这次恐怖袭击事件，航班上 259 名乘客和机组人员无一幸存，地面上 11 名洛克比居民死于非命。洛克比空难震惊了世界。

当时，凭着一名老兵的敏锐直觉，瑞克意识到，作为全世界都非常

图 10 - 7　瑞克·瑞思考勒

知名的美国标志性建筑，他工作的世贸大厦，也很有可能成为恐袭的目标。同时，瑞克的一位战友也意识到了这一点，并且认为，安保松弛的地下停车场，最容易受到恐怖袭击。于是，瑞克多方奔走，呼吁加强停车场的安保措施，却因为耗资巨大，没有成功。

事实证明，瑞克和他的战友的判断是对的。1993 年 2 月，恐怖分子策划将世贸大厦双子塔楼的一栋楼炸塌，然后撞倒另一栋楼。恐怖分子开着一辆载有 680 kg 炸药的卡车，冲进了世贸中心的地下停车场，引爆了上面的炸药，炸药威力贯穿五层楼，造成了 6 人死亡、1000 多人受伤的惨剧。

此事发生后，进一步加深了瑞克的担忧。他认为，这一次恐袭发生在停车场，下一次，恐怖分子就很有可能从天上开着飞机袭击大厦了。怀着深深的担忧，瑞克向上司建议，从世贸大厦搬到别的地方。

可惜，瑞克的建议没有被采纳，毕竟老板怎么会因为他的一句

话，就下决定搬走，而且当时公司的租赁合同也没到期。

但是，作为经历过越战的老兵，瑞克不是一个轻言放弃的人。搬家不行，退而求其次，就只好加强对公司职员的应急培训，增强他们在遇到突发情况下逃生的能力。这一次，他的建议被采纳了。

于是，在接下来的时间里，每隔3个月，瑞克都会对员工进行应急疏散演练，培养公司员工的逃生技能，而且用秒表计时，谁跑得慢就要被挨骂。虽然职员们怨声载道，但是应急演练的成效也很显著。1997年，因为瑞克出色的表现，提升为公司的安全副主管。

提升为安全副主管以后，瑞克面对职员种种的抱怨和不理解，一直坚持对员工进行定期的应急疏散培训。因为多年的军旅生涯让他相信：在极端状态下，冷静思考几乎不可能，只有反复练习，人才能在恐惧中做出近乎本能的反应。

终于，2001年9月11日，瑞克的担心变成了现实。当时飞机首先撞中了世贸中心的北塔。面对突发灾难，早有准备的瑞克，临危不乱，立即组织员工疏散，在他和其他保安的指挥下，当时有3000名左右的员工，迅速朝着楼下疏散。灾难现场如图10-8所示。

图10-8　灾难现场

当他们撤到了 44 层的时候，南塔也受到撞击后，疏散中的队伍发生了一阵骚乱。瑞克马上站了出来，唱起年轻时常唱的一首歌《哈里克的男人》(Men of Harlech)，安抚员工的不安情绪，组织大家继续撤离。当大家走到第 10 层后，瑞克认为基本安全了，考虑到楼上还有很多人没有撤出来，他给妻子打了个电话，然后毅然决然地冲上了楼，准备救出更多的人。

瑞克在电话中对妻子说："亲爱的，我必须去救人。如果真的发生不幸，请记住我生命中最开心的事情就是有你。亲爱的，在家等我。"

然而，瑞克返回后不久，南塔轰然倒塌，瑞克这一去，就再也没有回来。后来，救援人员清理现场时，连瑞克的遗体都没找到。

瑞克舍己救人的品德赢得了无数人的尊重，我们更应当铭记瑞克思考问题的方法，以及对员工疏散培训和演练的长期坚持！

这个案例是成人的培训演练，因为瑞克的坚持，培训演练的内容得当，拯救了 3000 人的生命。

📖 思考题

1. 结合典型事故案例，分析安全教育的重要性。

2. 你认为当前安全形势下，哪些人最需要安全教育？哪些内容最需要安全教育？

3. 成人安全教育效果不理想，你认为主要原因在哪儿？

4.《中华人民共和国消防法》第六条规定，机关、团体、企业、事业等单位，应当加强对本单位人员的消防宣传教育；教育、人力资源行政主管部门和学校、有关职业培训机构应当将消防知识纳入教育、教学、培训的内容。你所在的单位开展消防知识教育培训的情况如何？你认为你所在的单位应该开展哪些消防知识的教育培训？应该怎样开展？

11 安己救人原理

根据相对性原理，事故是不可能为零的。事故一旦发生，应急救援工作的成功与否，就成了控制事故发展、减少事故后果的重要环节。本章着重介绍应急救援应该遵循的基本原则。

11.1 安己救人的基本含义

安己救人要求我们，在发生意外遇到危险的时候，一般情况下施救者首先要保证自己的安全，再去救人。安己救人既能避免施救者盲目施救保护自己，也能保证救援工作的顺利进行。

必须说明，安己救人是一般原则要求，不能绝对化，救援现场的情况瞬息万变，施救者需要根据当时的实际情况综合判断，决定合理的施救策略。

11.2 第一响应人

要科学、合理地开展施救工作，就必须有训练有素的人员在第一时间组织、指挥、参加救援。第一响应人就是在这种背景下提出来的。

第一响应人指突发灾害事件发生后，能在第一时间内赶到现场，具有指挥协调、快速组织、专业处置能力，能够指挥现场民众徒手或利用简单工具开展抢险救灾的人员。如灾区当地的居民、官员、消防人员、警察、医护人员、志愿者等。

科学研究表明，灾害发生后，救援时间长短与救援效果的高低成负相关，即灾害响应间隔的时间越短，遇险人员的存活率越高，救援的效果越好。如果能够在灾害发生后的第一时间进行有效的应急响应和救援，存活率能高达 50% 或者更高。汶川地震的救援经验也证明了这一点。

第一响应人培训是由联合国资深救援专家组倡导并发起的，旨在提高社会基层应急响应人员的防灾减灾意识、灾害处置能力和应急救援能力。第一响应人培训已经成为联合国城市搜救救援顾问团（IN-SARAG）向全世界的推广项目。培训内容包括灾情形势评估及信息处理、灾情现场管理、搜索技巧及现场实践、基本救援技能及现场实践、医疗急救基础、国际城市搜索和救援概论、现场实地综合演练等。

11.3　救人的基本原则

无论是家人、邻居，还是陌生人，我们采取的基本原则是为了加快救人速度，尽快扩大救人队伍，以免错过救人良机，造成不应有的损失。救人的基本原则有：

（1）先近后远。先救近处的人，只要近处有人需要救援就要先救他们。相反，舍近求远，往往会错过救人良机，造成不应有的损失。

（2）先易后难。先救容易救的人，这样可加快救人速度，尽快扩大救人队伍。

（3）先壮后弱。先救青壮年，这样可使他们迅速在救灾中发挥作用。

（4）先密后疏。先救人多的地方，后救人少的地方。

（5）先救"生"，后救"人"。唐山地震中，有一名丰南县妇女，她为了使更多的人获救，采取了这样的做法：每救一个人，只把其头部露出，使之可以呼吸，然后马上去救别人，结果她一人在很短时间内救了好几十人。

发生灾害以后，灾害现场往往危险而又混乱，但是应急救援工作的开展又刻不容缓。紧急情况下，一旦救援不当，很容易贻误时机，甚至导致伤亡的扩大化，这样的案例不胜枚举。

案例1 天津港瑞海公司危险品仓库火灾爆炸事故

2015年8月12日23时30分左右，位于天津市滨海新区天津港的瑞海公司危险品仓库发生火灾爆炸（图11-1），造成165人遇难（参与救援处置的公安现役消防人员24人、天津港消防人员75人、公安民警11人，事故企业、周边企业员工和居民55人）、8人失踪（天津消防人员5人，周边企业员工、天津港消防人员家属3人），798人受伤，直接经济损失68.66亿元。天津港"8·12"瑞海公司危险品仓库火灾爆炸事故是一起特别重大生产安全责任事故。

图11-1 爆炸事故现场图

截至2015年8月13日11时，天津消防总队共调派143辆消防车，1000余名消防官兵到现场全力救援。由于对危险没有正确的认识，在没有查明具体爆炸物、危险化学品放置位置的情况下派遣消防员进入爆炸现场救援，结果爆炸再次发生，100多名消防员葬身火海，消防员成了本次爆炸事故最大的伤亡群体。

抢救生命、救灾救护是消防员工作的职责所在，但盲目施救不仅没有达到救援目的，反而让大批消防员失去了鲜活生命。

案例2　英国应急救援船锚链舱窒息伤亡事故

2007年9月22号，工程师埃伯托夫斯基、医疗官奥布赖恩、机匠麦克法迪恩登上了应急救援船 Viking Islay 号，前往英国约克郡附近的石油钻井平台 Ensco 92。这天的浪有点大，麦克法迪恩的船舱靠近锚链舱，锚敲打链条的声音让他难以入睡。

因为通往锚链舱的路上有一个检修孔，体型庞大的麦克法迪恩过洞有困难，只得拜托埃伯托夫斯基和奥布赖恩去锚链舱帮忙处理一下噪声问题，他在外面和他们通过无线电沟通。

埃伯托夫斯基和奥布赖恩卸掉了封闭锚链舱的螺栓，然后爬了进去。首先进入锚链舱的埃伯托夫斯基很快就因为失去意识跌落在地板上。奥布赖恩用无线电通知了麦克法迪恩后，想要进入锚链舱营救队友，结果他也晕了过去。

麦克法迪恩喊了2个水手前去查看，发现二人躺在地上不省人事。2个水手意识到可能是空气有问题，于是马上去拿可以独立供氧的自给式呼吸器。

着急救人的麦克法迪恩想带上自给式呼吸器进入锚链舱，但是他吨位太大，爬不进去。于是他脱掉了自给式呼吸器，戴上了小型的紧急逃生呼吸装置，然后爬到了锚链舱里。不过，他戴的紧急逃生呼吸装置无法给他庞大的身躯提供足够的氧气，他也晕倒了。

船长把船员们都叫了起来，并向海岸警卫队呼叫救援。一番忙乱后，三人终于都被抬了出来。不过这一切都太迟了，他们已经没有了呼吸和心跳。

2008年7月，英国海上事故调查局（MAIB）公布了调查报告。报告指出，钢铁生锈制造的缺氧环境是3名海员死亡的主要原因。

Viking Islay 号应急救援船的锚链舱是一个封闭空间，供人出入的检修孔平时都是密封的，空气无法在锚链舱里自由流通，加上海上的空气十分咸湿，钢铁很容易氧化生锈（图11-2），创造了致命的缺氧环境。

图 11 -2　钢铁生锈图

英国海上事故调查局估计，事发时锚链舱里的氧气含量低于 10%。要知道，对人来说当氧气含量只有 6% ~8% 时，人就会感到晕眩。当氧气含量降至 6% 以下，人会立刻昏厥，大脑会受到严重损害。

在这起事故中，锚链舱的设计没有考虑到通风问题固然是导致事故的主要原因。但是，着急救人的奥布赖恩和麦克法迪恩，在没有佩戴有效防护设备的情况下，盲目施救，白白搭上了自己的生命，导致了事故的扩大化。

📖 **思考题**

当有人被困事故现场的时候，在什么情况下救援人员应当冒险营救？在什么情况下应当停止救援人员的营救行动？

参 考 文 献

[1] 罗云. 安全经济学导论 [M]. 北京：经济科学出版社，1993.

[2] 牛国庆，杨明，邓奇根. 安全学原理 [M]. 徐州：中国矿业大学出版社，2019.

[3] 张景林，林柏泉. 安全学原理 [M]. 北京：中国劳动社会保障出版社，2009.

[4] 隋鹏程，陈宝智，隋旭，等. 安全原理 [M]. 北京：化学工业出版社，2005.

[5] 李树刚，成连华，林海飞. 安全科学原理 [M]. 西安：西北工业大学出版社，2008.

[6] 金龙哲，宋存义. 安全科学原理 [M]. 北京：化学工业出版社，2004.

[7] 祁琦. 铁路职工安全意识教育研究 [D]. 山西农业大学，2014.

[8] 丁璐. 少年儿童假期安全问题实证研究 [D]. 华东理工大学，2014.

[9] 黄浪，吴超，杨冕，等. 基于能量流系统的事故致因与预防模型构建 [J]. 中国安全生产科学技术，2016，12（7）：55 – 59.

[10] 周法超，余宏明. 试论安全观 [J]. 中国公共安全（学术版），2010（4）：9 – 12.

[11] 申建军，郭文杰，吉凯璐，等. 基于应用型人才培养的安全学原理课程教学改革探索 [J]. 山东化工，2019，48（4）：156 – 158.

[12] 张荔函. 动车组机械师不安全行为影响因素及其路径研究 [D]. 北京交通大学，2014.

[13] 倪冠华，程卫民，刘伟韬，等. 基于互换角色法的《安全学原理》课程教学探讨与实践 [J]. 教育教学论坛，2018（35）：160 – 162.

[14] 曹渝. 煤矿工人心理安全感的影响因素实证研究 [D]. 中南大学，2012.

[15] 杜昕. 山区高速公路桥梁施工安全管理与控制 [D]. 武汉理工大学，2008.

[16] 史晓虹. 生产安全未遂事件管理研究 [D]. 首都经济贸易大学，2011.

[17] 李建贵，潘立标. 基于事故致因理论的冷库火灾扑救危险性分析 [J]. 中国公共安全（学术版），2014（4）：62 – 66.

[18] 李双元，王征兵. 循环积累因果原理与青藏高原特色农业国际竞争力

[J]. 商业研究, 2007 (1)：20 - 24.

[19] 杜心全. 因果原理在交通事故责任认定中的应用 [J]. 现代交通管理,
1997 (3)：15 - 16.

图书在版编目（CIP）数据

安全基本原理／辛嵩等编著． – – 北京：应急管理出版社，2022

ISBN 978 – 7 – 5020 – 9304 – 4

Ⅰ.①安… Ⅱ.①辛… Ⅲ.①安全科学—基础理论 Ⅳ.①X91

中国版本图书馆 CIP 数据核字（2022）第 057302 号

安全基本原理

编 著	辛 嵩 杨文宇 刘 音 辛 林 李威君
责任编辑	郑素梅
责任校对	张艳蕾
封面设计	罗针盘

出版发行	应急管理出版社（北京市朝阳区芍药居 35 号 100029）
电 话	010 – 84657898（总编室） 010 – 84657880（读者服务部）
网 址	www.cciph.com.cn
印 刷	北京盛通印刷股份有限公司
经 销	全国新华书店

开 本	710mm × 1000mm$^1/_{16}$	**印张** 7$^1/_2$	**字数** 97 千字
版 次	2022 年 6 月第 1 版 2022 年 6 月第 1 次印刷		
社内编号	20220102	**定价** 36.00 元	